中国特色学徒制试点　学徒岗位教材

环境监测员学徒岗位手册

侯凤兰　陈　浩　主编

中国农业大学出版社
·北京·

内容简介

本教材由行业、企业、高等职业院校三方合作共同开发，以培养高等职业教育中国特色学徒为目标，根据相关国家标准与企业具体工作任务确定内容，突出了学徒制的特点。本教材内容丰富，以环境监测员的实际工作过程为依据，以工作任务为载体，详细介绍水和污水监测、大气和废气监测、噪声监测、土壤污染监测、固体废物污染监测等内容，重点培养环境监测人员的综合素质和职业能力。本教材既能用于高等职业院校环境类专业课程教学，也适合作为环保企业一线技术人员的工作手册。

图书在版编目(CIP)数据

环境监测员学徒岗位手册/侯凤兰，陈浩主编. -- 北京：中国农业大学出版社，2023.10

ISBN 978-7-5655-3068-5

Ⅰ.①环… Ⅱ.①侯… ②陈… Ⅲ.①环境监测-高等职业教育-教材 Ⅳ.①X83

中国国家版本馆 CIP 数据核字(2023)第 175652 号

书　名 环境监测员学徒岗位手册
Huanjing Jianceyuan Xuetu Gangwei Shouce

作　者 侯凤兰　陈　浩　主编

策划编辑 郭建鑫　　**责任编辑** 郭建鑫
封面设计 李尘工作室
出版发行 中国农业大学出版社
社　址 北京市海淀区圆明园西路 2 号　　**邮政编码** 100193
电　话 发行部 010-62733489,1190　　读者服务部 010-62732336
编辑部 010-62732617,2618　　出　版　部 010-62733440
网　址 http://www.caupress.cn　　**E-mail** cbsszs@cau.edu.cn
经　销 新华书店
印　刷 运河(唐山)印务有限公司
版　次 2023 年 10 月第 1 版　2023 年 10 月第 1 次印刷
规　格 185 mm×260 mm　16 开本　13.5 印张　288 千字
定　价 41.00 元

编 审 人 员

主　编　侯凤兰（新疆农业职业技术学院）

陈　浩（新疆正则环宇检测科技有限公司）

副主编　张　静（新疆农业职业技术学院）

参　编　袁梦轩（新疆农业职业技术学院）

李彦文（新疆中检联检测有限公司）

董院生（新疆中检联检测有限公司）

金淑聪（新疆维吾尔自治区昌吉州生态环境监测站）

张会东（新疆东方信海环境科技研究院有限公司）

主　审　史　梅（新疆农业职业技术学院）

前　言

环境监测是环境保护的“眼睛”，其可为环境保护、环境管理、环境规划、污染源控制、环境评价提供科学依据。《环境监测员学徒岗位手册》是新疆农业职业技术学院中国特色学徒制试点建设成果。顺应职业教育改革、产教融合、校企合作的发展要求，本教材由行业、企业、高等职业院校三方合作共同开发，内容按照“理论够用、突出实效”的原则选取，建立以职业能力、职业素质培养为目标，以行动为导向，以工作任务为核心，以实操为手段的知识体系，将国家环境标准和技术规范、国家职业技能标准及岗位要求转化为教学培养目标。

本教材具有以下特点：

(1) 教材紧贴环境监测标准与技术规范、国家职业技能标准以及企业工作岗位技能新要求，遵循“企校双制、工学一体”的培养模式；

(2) 教材与专业中国特色学徒制人才培养相配套，实现了学习内容与企业环境监测员岗位“零距离”对接；

(3) 本教材采用活页式设计，学徒可以根据需要自行拆分取用。

本教材内容分为三部分：第一部分共 3 个入职培训专题，由陈浩、李彦文、张会东编写；第二部分共 3 个入职培训专题，由侯凤兰、陈浩、金淑聪编写；第三部分共 5

个项目 14 个学习任务，由侯凤兰、张静、袁梦轩、陈浩、董院生编写，全书由侯凤兰负责统稿。

本教材既能用于高等职业院校环境类专业课程教学，也适合作为环保企业一线技术人员的工作手册。

教材编写过程中参考了很多相关文献资料，在此向有关作者表示由衷的感谢。

在教材编写过程中，编者做出了较大努力，但由于水平和时间所限，书中难免有不妥之处，敬请广大读者提出宝贵意见。

编者

2023 年 5 月

目　录

第一部分

The first part

步入企业

入职培训专题一
我国环保行业发展机遇与挑战

党的二十大报告指出“中国式现代化是人与自然和谐共生的现代化”，并明确了新时代中国生态文明建设和2035年基本实现美丽中国目标的战略任务，我们应积极推动绿色发展，促进人与自然和谐共生，深入推进环境污染防治，持续深入打好蓝天、碧水、净土保卫战。环境与生态在服务国家战略中占有举足轻重的地位。广大环境类专业学生和环保一线从业人员必须坚持以习近平新时代中国特色社会主义思想为指导，深入学习宣传贯彻党的二十大精神，坚定践行习近平生态文明思想，助力推进美丽中国建设。

环保产业是生态文明建设和污染防治的中坚力量，是统筹经济高质量发展和生态环境高水平保护、着力解决突出环境问题、实现绿色转型发展的重要支撑。近年来，环保产业虽面临着诸多困境，但仍处于大有可为的战略机遇期。尤其是当前生态环境部环保督查步入常态化，环保产业市场需求逐步释放；宏观政策逆周期调节，助推增加环保产业投资，降低环保企业经营成本；国企改革再出发，纷纷布局环保产业，加速行业整合，环保产业正向品质化、集中化转型升级。随着环境保护意识逐渐深入人心，国内外生产环保产品的企业大量涌现，环保市场的竞争也日趋激烈。如何提高和增强中国环保产业的整体竞争能力，是摆在各级政府、行业组织和企业面前的现实且紧迫的问题。

一、我国生态环境及环境保护行业发展状况

目前，中国环保产业仍处于快速发展阶段，虽然总体规模相对还很小，但其边界和内涵仍在不断延伸和丰富。据中国环境保护产业协会统计，2021年全国环保产业营业收入约2.18万亿元，较2020年增长约11.8%，比当年国内生产总值（GDP）

增速高 3.7 个百分点，对国民经济直接贡献率为 1.8%。根据我国环保投资规模来测算，预计 2026 年中国环保产业营业收入最高可达到 2.5 万亿元，最低也可以达到 2.23 万亿元。因此环保产业与新能源开发已被普遍认为是重塑经济发展结构的驱动力量。

（一）我国生态环境现状

1. 环境空气状况

2022 年全国环境空气质量稳中向好。地级及以上城市细颗粒物浓度为 29 $\mu g/m^3$，比 2021 年下降 3.3%，好于年度目标 4.6 $\mu g/m^3$。优良天数比例为 86.5%，好于年度目标 0.9 个百分点；重度及以上污染天数比例为 0.9%，比 2021 年下降 0.4 个百分点。

2. 水环境状况

2022 年全国地表水环境质量持续向好。Ⅰ～Ⅲ类水质断面比例为 87.9%，比 2021 年上升 3.0 个百分点，好于年度目标 4.1 个百分点；劣Ⅴ类水质断面比例为 0.7%，比 2021 年下降 0.5 个百分点。地下水水质总体保持稳定，Ⅰ～Ⅳ类水质点位比例为 77.6%。

3. 海洋环境状况

2022 年管辖海域海水水质总体稳定。夏季Ⅰ类水质海域面积占管辖海域面积的 97.4%，比 2021 年下降 0.3 个百分点。全国近岸海域海水水质总体保持改善趋势，优良（Ⅰ、Ⅱ类）水质面积比例为 81.9%，比 2021 年上升 0.6 个百分点；劣Ⅳ类水质面积比例为 8.9%，比 2021 年下降 0.7 个百分点。

4. 土壤环境状况

2022 年全国土壤环境风险得到基本管控，土壤污染加重趋势得到初步遏制。重点建设用地安全利用得到有效保障。农用地土壤环境状况总体稳定。

5. 生态系统状况

2022 年全国自然生态状况总体稳定。生态质量指数（EQI）为 59.6，生态质量为二类，与 2021 年相比无明显变化。森林覆盖率为 24.02%，陆域生态保护红线面积约占陆域国土面积的 30%以上。

6. 声环境状况

2022 年全国城市声环境质量总体稳定。功能区声环境质量昼间、夜间达标率分别为 96.0%、86.6%，比 2021 年分别上升 0.6 个百分点、3.7 个百分点。区域、道路声环境昼间等效声级平均值分别为 54.0 dB、66.2 dB，与 2021 年相比基本保持稳定。

7. 核与辐射安全状况

2022 年全国核与辐射安全态势总体平稳。未发生国际核与放射事件分级表 2 级及以上事件、事故，放射源辐射事故年发生率稳定在每万枚 1 起以下。全国辐射环境质量和重点核与辐射设施周围辐射环境状况总体良好，核与辐射安全得到有效保障。

8. 气候变化及应对

2022 年全国平均气温偏高，降水量偏少。初步核算，全国万元国内生产总值二氧化碳排放比 2021 年下降 0.8%，全国万元国内生产总值能耗比 2021 年下降 0.1%。

（二）中国环境保护行业发展现状

1. 环保行业市场容量不断扩大

大力发展环保产业是坚决打赢污染防治攻坚战的重要举措之一。随着环保治理的力度不断加大，我国环保产业发展的市场空间不断扩大，在国民经济中的战略地位不断提升。在发展规模方面，2020 年环保产业市场规模 2.03 万亿元，比 2019 年增加了 10.74%，呈两位数的增长，未来一段时间都会保持一定的增速不断扩大。很多地区为了打赢污染防治攻坚战都将环保产业纳入战略性新兴产业，出台大量支持政策和措施。

2. 政策助力推动环保行业发展

在加快构建“双循环”新发展格局的宏观背景下，一系列政策利好将加速释放，助推环保产业加快“育新机、开新局”。生态环境建设在推动产业转型升级、释放内循环市场潜力、提升外循环层次水平等方面的作用将愈加凸显，生态环境产业正迎来高速发展的黄金期。

3. 环保行业更加精细化、质量化发展

随着新发展格局加快构建，我国的绿色发展方式和生活方式将加快形成，例如，对新能源汽车的支持和垃圾分类的推进，生态文明建设将进入新阶段。作为大力推进生态环境保护、打赢打好污染防治攻坚战的主力军，环保产业也在加速转型升级，迈向高质量发展。

4. 环保企业发展势头良好

截至 2020 年末，我国环保相关企业有 27 000 多家，其中环保上市公司已超过百家，总市值超过 1.1 万亿元人民币，并且继续呈现健康、快速发展的良好势头。“2020 中国环境企业 50 强”榜单中，有 9 家公司营收过百亿。

经过近 30 多年的发展，我国的环保产业已初具规模。工业化与城市化率的快速提高，同时也促进了我国居民环保意识的增强以及环保产业的发展。在系列政策的大力扶持下，我国将实现从“数字环保”到“智慧环保”的跨越。在加强感知环境信息化与物联网数据管理建设的同时，环境监测产业将迎来新的发展契机。智慧环保是互联网技术与环境信息化相结合的新型环保概念，是环保技术转型升级的必然产物。智慧环保系统利用信息化手段整合环保信息资源，实现了环保一张图和环境的全面监管，提升了环境保护水平和对外服务的效能，对于管好生态环境具有重要意义。据目前智慧环保主要市场竞争参与者来看，智慧环保市场竞争主体主要有 IT 软件服务商、环境监测和分析仪器厂商、物联网企业，其从环保IT服务解决方案、环境监控系统以及环境在线监控系统综合集成等领域分别切入智慧环保市场。

二、我国环境保护行业发展趋势

环保行业是以防治环境污染、改善生态环境、保护自然资源为目的而进行的技术开发、产品生产、资源利用、工程项目建设及运营等的总称，主要包括环保设备制造、环保工程建设、环保运营服务三大方面。从污染物角度划分，环保行业治理的对象主要分为废水、废气、土壤、固废、噪声和放射性物质。环保行业的发展概况及趋势如下：

1.《中国制造2025》聚焦绿色发展，助力节能环保产业渗透力提升

绿色发展是《中国制造2025》的基本方针之一。《中国制造2025》指出，加强节能环保技术、工艺、装备推广应用，全面推行清洁生产；发展循环经济，提高资源回收利用效率，构建绿色制造体系，走生态文明的发展道路。随着《中国制造2025》战略文件的实施，我国将利用先进节能环保技术与装备，组织实施传统制造业能效提升、清洁生产、节水治污、循环利用等专项技术改造，开展重大节能环保、资源综合利用、再制造、低碳技术产业化示范，必将大幅度提高节能环保产业的渗透力。

2. 技术节能和管理节能并重，推动节能环保产业结构软化

随着我国节能产业数十年的发展，以投入新技术、新工艺、新材料、新设备和新器件来获得节能效益的技术节能遇到了发展的“天花板”，而采取加强计量检测、优化能源分配、强化管理维护、提高人员素质、能源绩效考核等措施的管理节能愈加受到用能单位的重视。为提高管理节能效率，上海、浙江宁波和广东东莞等城市建立了能源管理中心平台和重点企业能源管理中心，实现对节能数据深入分析，提高节能效率。该模式催生了多家配套节能服务公司，提高了节能服务产值，推动了节能产业结构的软化。

3. 市场空间巨大，未来继续保持较高速增长

随着国民经济的持续发展、人均收入的稳步增长和民众环境保护意识的不断提升，我国政府逐渐加强环境保护力度，相关法律法规不断完善，产业政策持续出台，推动环保行业快速发展。

根据中国环境保护产业协会及生态环境部公布的数据，我国环保产业营业收入从2016年的1.15万亿元增长至2021年的2.18万亿元，年复合增速达13.65%，并且2025年有望突破3万亿元。这意味着，环保产业不仅市场空间巨大，而且将继续保持较高速增长，为相关企业业务多元化拓展提供了良好的市场环境。

4. 全产业链综合服务已成为环保企业的重要发展方向

环境卫生城市管理部门、公用事业单位、城市投资类企业既是环保产业下游主要客户，也是环保行业的管理者或其下属企业，对环保治理具有多样化需求，单一的设计、工程施工或运营服务已难以满足下游客户需求。

同时，随着环保标准更趋严格、环保行业市场份额更趋集中，提供单一产业链环节的企业已无法有效应对市场竞争。构建技术研发、工艺设计、装备制造、工程施工、第三方运营等全产业链服务已成为环保产业企业未来的重要发展方向。

5. 由单一污染物治理向多种污染物一体化协同治理转变

一方面，《中华人民共和国环境保护法》等法律法规加强对排污总量的控制，单一污染物治理不仅容易造成资源浪费，而且难以满足城市排污总量控制的要求；另一方面，“碳达峰”“碳中和”目标愿景将带动环保产业面向绿色低碳循环发展体系全面升级，实现环境治理由减量化、无害化向资源化转变。因此，不少城市以产业园或部分区域为主体实行污染物的集中治理，由单一污染物治理向多种污染物一体化协同治理转变。未来，创新能力突出、技术实力雄厚、资金实力较强企业将拥有更加广阔的市场空间。

三、我国环保产业发展的机遇与挑战

（一）机遇

1. 政策利好

2013 年国务院印发《大气污染防治行动计划》；2015 年国务院印发《水污染防治行动计划》。2014 年 4 月 24 日，十二届全国人大常委会第八次会议表决通过了修订后的《中华人民共和国环境保护法》，被称为“史上最严新环保法”，并于 2015 年 1 月 1 日开始施行。2021 年 11 月，《中共中央　国务院关于深入打好污染防治攻坚战的意见》印发实施。环保产业的发展拥有良好的政策环境，行业景气度进一步提升。

“十四五”期间，我国坚持“绿水青山就是金山银山”理念，坚持尊重自然、顺应自然、保护自然，坚持节约优先、保护优先、自然恢复为主，实施可持续发展战略，完善生态文明领域统筹协调机制，构建生态文明体系，推动经济社会发展全面绿色转型，建设美丽中国。“十四五”时期生态环保产业将在统筹新老污染治理、生态保护与修复、应对气候变化等方面迎来新的机遇。

从《大气污染防治行动计划》（简称“大气十条”）的颁布，到《水污染防治行动计划》（简称“水十条”）和《土壤污染防治行动计划》（简称“土十条”）的颁布，中国环保方面正出台或陆续出台的相关法律、法规和政策彰显了政府加强污染防治和生态保护的坚定决心。

环保是未来经济发展道路的唯一选择，企业如果想长远发展，必须把环保作为一个长远的战略。能否走低碳环保发展之路是如今企业所面临的最严峻的挑战。

入职培训专题二

环境监测企业管理文化

一、组织架构

规范的第三方环境监测公司均按照相关法律规定，建立较为完善的公司法人管理结构。有一定规模的环境监测公司一般实行董事会领导下的总经理负责制，各部门按其规定的职责和权限，履行各自的管理服务职能。以下以某环境监测公司企业管理文化为例进行介绍。该公司组织架构如图 1-2-1 所示。

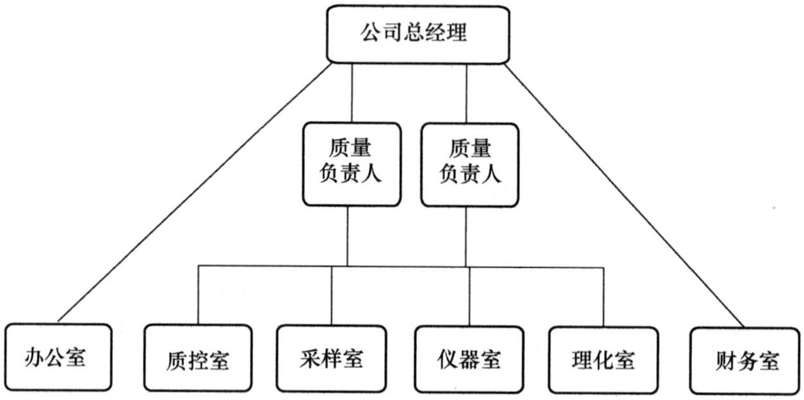

图 1-2-1　环境监测企业组织架构

二、部门职责

1. 办公室

办公室负责汇编公司各项制度、监督检查各部门的执行情况；负责接待、传达等日常工作；负责工商营业执照等公司资质的换发和年检工作；负责公司文件的档案、办公物品及印章管理工作；负责会议组织工作；负责员工的招聘、劳动合同的签订以及“五险一金”的缴纳等工作；负责人才登记及备案管理工作。同时，还掌握市场动态，开辟新市场；围绕公司年度目标，拟定公司发展计划和工作目标；负责渠道开发及客户维护。

2. 品控部门

品控部门包括质控室、采样室、仪器室和理化室，负责制定与质量管理相关的各项规章制度，严格贯彻执行各项规章制度，并根据发展需要适时修订；参与制定企业质量管理目标，制定和完善质量管理目标责任制，实施质量监控，确保产品质量，及时对监测质量异常问题进行分析、处理和报告；负责监测过程的监控以及现场问题的监督、解决和反馈；负责督导监测现场人员作业的标准化和规范化，配合各工作人员严把质量关，避免出现不合格监测数据；负责所有质量记录的审核、收集、整理、归档与管理，便于实施监测质量的跟踪控制。

3. 财务室

财务室组织编制公司年度财务预算，结合经营实际，及时调整和控制预算度的实施和执行；负责按规定进行成本核算；定期编制年、季、月度种类财务会计报表，负责年度会计决算工作；办理固定资产的购建、报废等财务审核手续，正确计提折旧，定期组织盘点；负责流动资金的管理；定期组织清查盘点，负责对公司低值易耗品盘点核对；负责公司资金管理，按时缴纳税款；办理现金收支和银行结算业务。

三、经营模式

以服务“中国的环保事业”为宗旨，从提供的优质环境监测服务中获取利润。环境监测企业直接与需要环境各要素检测服务的工矿企业洽谈协商，签订包括监测项目、监测费用、资金支付方式、完成时限等内容的服务合同，然后公司根据合同条款进行环境监测方案的制订、样品采集、样品分析测定、数据处理与分析、出具监测报告等工作。

四、管理文化

（一）总体目标

（1）企业精神　三种精神（拼搏精神、奉献精神、创新精神）、三种意识（责任意识、忧患意识、大局意识）、三种理念（团结干事、和谐共事、用心做事）。

（2）员工素质　上进心、责任心、事业心。

（3）竞争理念　人无我有、人有我新、人新我优、人优我精。

（4）服务理念　客户是我们的朋友，超越客户期望值。

（5）管理策略　精细化管理、规范化管理、高效化管理、人性化管理。

二、人力资源管理在企业发展中的地位和作用

跨入新时代，人力资源的竞争是企业间竞争的最主要的形式，企业要想在竞争中立足，进而逐渐发展壮大，就必须高度重视和研究人力资源管理，同时结合企业现阶段发展的真实情况和客观要求，实行有效的实际管理措施，并不断改良，以提升我国企业人力资源管理水平。

（一）人才是最重要的资源

企业是各类物质资源和人力资源的集合，人力资源具有不可替代性，对企业的重要性首屈一指。即便企业的技术设备再先进，但从业人员不配合、不上进、不创新，企业依然会产生各种问题。

（二）人才是企业的核心竞争力之一

企业传统的竞争力中，人力资源的贡献越来越大，人才创造了企业的价值。因此，人力资源及其管理成为企业管理的焦点。随着全球经济一体化时代的到来，人力资源的开发与配置成为企业间竞争的核心。

（三）人力资源开发是未来经济增长的主要途径

与发达国家相比，我国人力资源的使用效益仍存在比较大的差距。在未来，我国人力资源整体的素质直接决定着我国经济是否能持续发展，只有不断提高人才的素质和能力，重视人才的品格和精神，才能应对今后我国经济发展中的重大挑战。

三、我国环境监测公司人力资源管理存在的问题

通过对国内环境监测企业调查和研究，我国环境监测公司（中小规模）人力资源管理中存在的问题如下。

（一）缺乏人才战略规划

大多数环境监测公司受发展规模和经济效益的影响不能完全认识到现代人力资源管理在公司整体战略中的重要性，对系统的人力资源管理机制的认识也处于浅层面。人力资源工作中还存在不清楚人力资源及其管理的本质、缺少专业人力资源管理人才、对人才培养投入不足等问题。

（二）人才结构性问题

环境监测公司工作人员普遍年轻化；高学历、高素质、高技能的人才少；大型监测仪器操作岗位人才稀少，且人员流动现象较普遍。

（三）人才培养问题

对人员的培训更多是停留在对员工专业技能的短期培训，缺乏系统性、长期性、持续性的培训体系，不能将员工的职业规划和公司战略发展通过培训进行有机统一。

四、个人职业目标定位

（一）短期目标

学徒进入一家环境监测企业，需要经历 3～4 个月的轮岗试用期，岗位以理化实验员、外采员等为主，由企业师傅和指导老师共同帮助学徒度过试用期。试用期结束后可根据自身特点选择岗位，从最基本的岗位职责做起，不断从中学习与岗位有关的专业经验，从而提升个人的实践能力。

（二）中期目标

公司的晋升通道通常有技术通道和管理通道，学徒需找准自我职业发展规划定位，做好晋升选择，晋升为部门技术负责人或综合业务管理人员。

（三）长期目标

此阶段以公司企业文化、核心价值观引领个人职业发展规划，以精湛的监测技术技能或较强的组织管理能力在更高的平台实现自我价值，提升个人的生活质量。

第二部分

认识岗位

The second part

The second part
The second part
The second part

入职培训专题四

学徒岗位介绍

环境监测是环境保护的“眼睛”，是运用现代科学技术手段对反映环境污染和环境质量的各种环境要素的监视、监控和测定，其可为环境保护、环境管理、环境规划、污染源控制、环境评价提供科学依据。以下是环境监测员岗位的详细介绍。

一、岗位职责

（1）负责监测和评估环境参数，包括大气、水、土壤等，以确保其符合相关法规和标准。

（2）收集、分析和处理数据，编写环境评估报告，提供技术建议。

（3）参与环境管理计划的制订和实施，为监测方案提供技术支持。

（4）维护和管理环境监测设备，确保设备运行良好。

（5）与政府机构、公司、社区等相关方面进行沟通和协调。

二、岗位要求

（1）熟悉本行业的相关法律法规、行业政策、国家及行业标准，严格按各级现行有效的技术标准、规范开展监测工作。

（2）须接受相关的岗位培训，经考核合格后持证上岗，熟练掌握本实验室开展的各监测项目，不断提高业务水平和操作技能。

（3）及时处理公司安排的监测任务，并按照适当的标准和分析方法及时开展监测工作。

（4）应对报出的监测结果负责，确保监测结果的真实性、准确性、可靠性，并认真填写仪器设备的使用记录、原始记录，做到记录准确、完整、清晰，确保监测过程的可复性。

（5）熟练掌握监测过程中使用的各种仪器设备的操作方法、维护和保养知识，按规范进行操作。

（6）在监测过程中负责样品的接收、保存、流转工作，对样品的有效性、完整性、代表性负责。

（7）负责监测项目中所使用的各种试剂、标准溶液的配制工作，确保试剂、标准溶液的有效性，定期对标准溶液进行标定，确保其浓度的准确性，用标准样品加以验证，并做好相关记录。

（8）应随时对实验室的环境进行监控，消除环境因素对监测结果的影响，并做好相关的记录。

（9）对于监测过程中的各种药品、试剂、消耗品及劳保用品等应正确、合理使用，杜绝浪费，领用必须进行相关登记。

（10）做好实验室的内务工作，确保实验室的台面、地面干净整洁，实验器具摆放有序，实验产生的废气、废液、固体废弃物应经正确处理后再排放或丢弃。

三、学徒学习要求

（1）学徒必须遵纪守法，遵守社会公德，互帮互助，自尊自爱，自觉接受学徒企业、学校的双重教育和管理。

（2）学生进入学徒期须由本人申请、家长同意，学校根据学生所学专业，选择并安排实习单位，签订有关协议。

（3）学徒必须遵守学校对学徒的管理规定和安排，及时缴纳学费，按时参加学校组织的活动，认真记录学徒学习日志，经常向学校、家长汇报实习情况。

（4）学徒必须严格遵守企业的有关规章制度，不迟到、不早退，按时进入指定的工作岗位，认真完成师傅布置的工作任务。

（5）学徒不准擅自离开合作企业，确因生病或其他事宜，须提前向企业师傅和学校指导教师提出书面申请，经双方准假同意后，方可离开，否则按旷到处理。

（6）学徒在业余时间应按企业师傅布置的学习任务，有计划地开展自学和相关业务学习活动，如有事需离开学徒企业须履行请假手续，期间不得与社会不良青年来往、聚众酗酒，不得到歌厅、舞厅等场所，不得违规上网。

（7）学徒必须听从企业师傅指导，按照要求完成师傅布置的工作任务，并及时向师傅汇报工作进展情况。

（8）学徒不得故意损坏实习单位的各种设施，如发现故障或异常现象及时报告师傅，确保学习安全。

（9）学徒对实习单位的安排和处理确有意见时，应及时与学校联系并报告，由学校依据事实与单位协商，学徒不得直接与实习单位发生冲突。

（10）学徒必须参加学徒岗位考核和技能鉴定，做好学徒学习总结，经学习企业签署意见后交给学校。

（11）学徒学习结束，学校组织优秀学徒评比工作，对优秀学徒进行表彰奖励，若学徒综合考核成绩不合格，须延长学徒学习时间重新学习，直到考核合格，方可转为准员工。

（12）学徒必须注意自身形象，穿着得体，举止文明，不得自行在外住宿，严禁吸毒、吸烟、喝酒、赌博、打架斗殴，不看不健康的书刊及视频。

（13）尊重学徒企业领导、师傅和其他技术人员，听从安排、服从分配，做到谦虚谨慎、勤学好问、吃苦耐劳，学以致用，提高操作技能，力争达到环境监测员岗位的任职要求。

（14）严格遵守学徒企业的保密制度，不得将技术或商业情报向外泄露，维护企业利益。

四、企业师傅岗位工作职责

（1）根据环境监测员岗位学徒制实施方案，认真做好培训计划，确保学徒完成教学项目。

（2）做好对学徒的日常考勤和管理，加强职业道德、劳动纪律和企业文化等方面的教育，培养学徒具备良好的职业精神。

（3）通过教学项目的实施，让学徒具备安全意识，提高学徒的自我保护能力，若出现安全隐患，采取有效措施防止学徒受到伤害和发生安全事故。

（4）严格要求学徒，并经常进行提问、讲解与指导，让学徒学会环境监测员岗位所需要掌握的各项技能，达到任职要求。

（5）会同学校指导教师采取有效措施及时解决学徒在学徒期间存在的问题，不断提高教学质量。

（6）给学徒布置学习任务和工作任务，督促学徒及时填写学徒学习手册，根据学徒对教学项目的掌握情况填写评语、评价并签名。

（7）将学徒学习情况通过QQ、微信或其他信息渠道及时向学院指导教师或企业人力资源部反馈，每月不少于2次与学校交流学徒学习情况。

（8）配合学院和第三方评价部门，对学徒进行岗位评价考核。

（9）认真完成企业领导交办的其他各项工作任务。

入职培训专题五
岗位业务能力要求和培养目标

一、岗位业务能力要求和考核评价

（一）业务能力要求

（1）熟悉常用监测方法的相关标准和技术规范。

（2）掌握监测方案制订的方法。

（3）掌握环境监测采样、布点、样品保存原则和方法。

（4）掌握环境监测数据的统计处理、监测结果表达方法。

（5）掌握典型监测项目的测定原理、方法。

（6）掌握环境监测报告撰写内容与方法。

（7）了解连续自动监测现状和有关注意事项。

（8）掌握实验室质量控制有关知识。

（二）考核评价要求

（1）学徒实习考核与评价由企业和学校共同完成，考核成绩由学徒学习态度、岗位技能、工作业绩、教学项目文本材料四部分组成。

（2）学徒企业负责进行学徒学习态度、岗位技能、工作业绩考核，由企业师傅给学徒布置教学项目学习任务，并检查评价，根据完成质量撰写评语并签字、评分。

（3）企业师傅依据学徒职业态度、出勤率、完成工作任务质量与数量等方面进行量化评价。

（4）学校指派的指导教师负责对学生的学徒学习期间的文本材料完成情况进行督查，并不定期巡回检查，学徒学习结束后依据学生提交的学徒学习手册、学徒学习总结、学徒企业鉴定意见、学徒期间取得的技术成果或获奖证书等文本材料进行量化评价。

(5) 学徒学习成绩分为优秀、良好、及格和不及格四个等级。考核结果在合格及以上者获得相应的学分，考核结果为不合格者，不能获取相应的学分，需进行重修，否则不能予以毕业。

(三)学徒学习考核评价体系

环境监测员学徒岗位考核与评价体系见表 2-5-1。

表 2-5-1　环境监测员学徒岗位考核与评价体系

序号	考核单位	考核项目	评价内容	考核标准	分数
1	学徒企业	学徒学习态度	学习(工作)态度	(1)热爱岗位工作,服从企业及师傅领导； (2)工作主动认真、责任心强、勤奋进取、开拓创新、乐于奉献； (3)遵守企业的各项规章制度,无擅离职守、旷工、空岗、离岗等违纪现象。	20
			职业精神及团队协作能力	认真学习、领悟企业文化,虚心学习企业员工的敬业爱岗精神,积极与企业员工沟通与合作,形成整体合力。	10
2	学徒企业	岗位技能	专业技能	认真学习业务知识,熟练掌握岗位操作技能,能够及时解决工作中出现的常见问题。	30
			业务工作	按时完成企业分配的工作任务,工作效率高、质量达标。	20
3	学校	学徒学习文本材料	学徒学习手册	(1)按时保质保量完成企业师傅布置的教学项目学习任务,并做好学习记录； (2)及时记录学徒学习期间的工作内容,在教师指导下完成工作,解决出现的问题； (3)学习手册填写规范,填写内容翔实。	5
			学徒学习总结	(1)及时上交学徒学习总结； (2)总结全面、认真、规范。	10
			学徒单位鉴定意见表	及时上交实习单位鉴定意见表。	5
			学徒学习成果	学徒期间在中文核心期刊发表论文,每篇额外加 5 分;在一般期刊发表论文,每篇额外加 3 分。	不超过 10 分
学徒总成绩	优秀(≥85)；　良好(71～84)；　及格(60～70)；　不及格(＜60)				

说明：本表中所规定的考核指标应全部完成，缺少任何一项者为不达标。

岗位工作与技能标准见表 2-5-2。

表 2-5-2　岗位工作与技能标准

序号	学徒实训任务名称	学徒实训任务内容	技能与技术标准
1	岗位职责认知	了解企业岗位职责，熟悉工作环境、监测仪器与设备。	(1)熟知岗位职责、工作内容及流程； (2)掌握已有监测仪器与设备的使用方法。
2	制订监测方案	根据监测任务和环保要求，结合企业实际情况，制订可操作性较强的监测方案。	(1)明确监测任务、熟知环保要求，按照环境监测技术规范(包括水监测规范、大气监测规范、环境噪声监测规范、土壤与固体废物监测规范等)要求，选择必要的监测指标、正确的监测方法、质量控制措施等，并能独立制订水、大气、噪声、土壤、固体废物监测的详细方案； (2)能独立完成监测方案的汇报，并通过方案可行性论证。
3	样品采集与保存	按照国家发布的采样技术指导与样品的保存和管理技术规定，开展采样前准备、样点布设、样品采集、保存、运输以及预处理工作。	(1)能根据监测方案准备齐全水、大气、噪声、土壤、固体废物各环境要素样品的采样工具、交通工具及相关物品； (2)能按照监测方案规范完成样点布设与样品采集，并做好记录； (3)能采取正确的保存方法，完成样品的保存与运输工作。对于需现场测定的项目，能正确使用监测仪器完成测定，并做好记录； (4)掌握实验室样品预处理的方法与操作技能。
4	分析测定指标	按照国家环境监测标准规范进行水、土壤、大气、固体废物等样品室内测定分析和噪声的现场监测、记录，并做好质量控制措施，要求监测误差小于 5%。另外，还需完成数据分析与填报工作。	(1)测定方法选择　能在环境监测方法标准指导下，根据实际情况选择合适的指标测定方法，要求测定方法具有较高的可操作性； (2)实验试剂配制　能够独立完成实验所需各种试剂的准确配制，保证操作规范，并做好试剂的保存工作； (3)测定结果记录　能按照操作规范独立完成指标测定，并进行记录； (4)质量保证措施实施　要求规范操作各种实验仪器，尽可能减小操作误差；每项指标测定都必须做三次或三次以上重复测定、空白试验等质量控制工作，要求检测误差小于 5%； (5)能依据统计学方法正确整理数据，并利用统计软件进行分析、填报。
5	其他环境管理工作	根据环保企业环境监测员职业岗位要求和企业工作实际，完成即定的实验室管理与建设等工作。	积极参与实验室仪器的维护、卫生清洁等工作。

二、岗位培养目标

通过学徒学习期间的教学任务安排，使学生走向社会，接触本专业相关工作，拓宽知识面，增强感性认识，培养、锻炼学生综合运用所学的专业知识和基本技能独立分析和解决实际问题的能力，把理论和实践结合起来，提高实践动手能力；培养学生热爱劳动、不怕苦、不怕累的工作作风；培养、锻炼学生的交流、沟通能力和团队精神。具体目标如下：

(1) 了解监测任务、职责分工和监测员所承担的工作，保证相应监测工作的质量。

(2) 熟悉各试验仪器设备的性能、用途、操作及维护方法，负责仪器设备的日常维护、使用管理。按规定填写仪器设备使用记录、温湿度记录、各种试验记录和报告。

(3) 能根据操作规程正确使用仪器设备，并做好仪器设备的周期检定，填写仪器设备使用记录。

(4) 熟悉安全操作规程和用电常识，做到安全工作。

(5) 熟悉相关检验、评定标准，完成试样加工、制作及测试，提供完整的测试记录、报告。

(6) 对委托（取样）监测和试验，要依据产品标准、施工规范和试验规程，对其结果的准确性、可靠性和公正性负责。

(7) 熟悉实验室和现场监测的基本任务，掌握相应的监测方法，正确选用规范、规程、标准。

(8) 负责接收委托来样，根据委托人填写的监测项目核对试样是否满足要求，保存抽样记录及用户反馈意见与处理结果。

(9) 负责登记试验台账，管理试验资料的编号和文件的收发，负责建立及管理仪器设备档案、台账。

入职培训专题六 制订学徒培养计划

一、学徒工作计划

按照“环境工程技术专业中国特色学徒制人才培养方案”中的安排，在第5～6学期学徒要进入环境监测企业，根据环境监测员工作岗位任务及能力的要求，在企业师傅指导下做好工作计划。具体计划如表2-6-1所示。

表2-6-1 学徒工作计划

序号	工作计划内容	时间
1	了解企业岗位职责，熟悉工作环境、企业文化，进行岗前培训。	1周
2	按照环境监测技术规范(包括水监测规范、大气监测规范、环境噪声监测规范、土壤与固体废物监测规范等)要求，选择必要的监测指标、正确的监测方法、质量控制措施等，制订监测方案。	2周
3	按照监测方案，开展采样前准备、样点布设、样品采集、保存、运输以及预处理工作。	2～3周
4	按照国家环境监测标准规范进行水、土壤、大气、固体废物等样品室内测定分析和噪声的现场监测、记录，并做好质量控制措施，要求监测误差小于5%。另外，还需完成数据分析与填报工作。	4～5周
5	根据环保企业环境监测员职业岗位要求及企业工作实际，完成实验室管理与建设等工作。	贯穿全过程

二、学徒学习计划

学徒具有双重身份，既是学校的学生，又是企业的员工。在工作场所，学徒要将在学校学习的理论知识与工作实践有机结合。学校和企业在提高学徒专业技能同时还要培养其终身学习能力，提高其专业基础知识的储备量。

学徒学习计划如下：

（1）承担公司环境监测员岗位工作任务。

（2）分析自我知识、技能水平与环境监测员岗位工作要求的差距，明确要学的专业知识和技能。

（3）制订自学计划，包括专业理论知识和技能学习计划及学习时间安排。合理安排不同阶段阅读的书籍、资料，练习掌握的新技术，撰写学习笔记等。

（4）制订学习的阶段目标和总目标。

（5）其他学习内容。

第三部分

学徒工作学习任务

The third part

The third part
The third part
The third part

项目一
水和污水监测

水和污水监测是环境监测员岗位核心工作内容之一，本项目按照水和污水监测的工作流程进行设计，并依据测定方法选取典型监测项目。

【专业知识准备】

一、水和水体污染

（一）水资源

地球表面的3/4被水覆盖，水广泛分布于海洋、江、河、湖、地下、大气、冰川等。其中海水占97.3%、淡水占2.7%，可被利用的淡水不足总水量的1%。工农业生产对水的需求量更大，加之生态需水，水资源需求总量庞大。中国是一个水资源相对贫乏的国家，而且水资源分布不均匀，节约用水及保护水资源是公民的责任和义务。

（二）水体污染

水体污染是指由于人类的生产和生活活动，将大量的工业废水、生活污水、农业回流水及其他废物未经处理排入水体，使排入水体的污染物的量超过了一定限度，使水体受到损害直至恶化，水体的物理、化学性质和生物群落生态平衡发生变化，破坏了水体功能，降低了水体的使用价值。

根据污染物及形成污染的性质，可将水体污染分为化学型污染、物理型污染和生物型污染。

1. 化学型污染

化学型污染指随污水及其他废物排入水体中的无机物（如酸、碱、盐）和有机物（如碳水化合物、蛋白质、油脂、纤维素、氨基酸）等造成的水体污染。

2. 物理型污染

物理型污染指色度和浊度物质污染、悬浮固体污染、热污染和放射性污染等物理因素造成的水体污染。

3. 生物型污染

生物型污染指生活污水、医院污水以及屠宰、畜牧、制革业、餐饮业等排放的污水中常含有各种病原体，如病毒、病菌、寄生虫等，造成的水体污染。

（三）水体的自净作用

当污染物进入水体后，随水稀释的同时发生挥发、絮凝、水解、配合、氧化还原及微生物降解等物理、化学变化和生物转化，使污染物的浓度降低至无害化的过程，称为水体自净作用。水体的自净能力是有一定限度的，当污染物浓度超过水体的自净能力时，污染随之产生。

二、水体监测的对象和目的

（一）水体监测的对象

水体监测分为环境水体监测和水污染源监测。环境水体包括地表水（江、河、湖、水库、海水）和地下水；水污染源包括生活污水、医院污水和各种工业废水。

（二）水体监测的目的

（1）对进入江、河、湖、库、海洋等地表水体的污染物质及渗透到地下水中的污染物质进行经常性的监测，以掌握水质现状及其发展趋势。

（2）对生产过程、生活设施及其他排放源排放的各类污水进行监视性监测，为污染源管理和排污收费提供依据。

（3）对水环境污染事故进行应急监测，为分析判断事故原因、危害及为采取对策提供依据。

（4）为国家政府部门制定环境保护法规、标准和规划，以及全面开展环境保护管理工作提供有关数据和资料。

（5）为开展水环境质量评价、预测预报及进行环境科学研究提供基础数据和手段。

三、水体监测方法

（一）选择监测方法的原则

（1）方法的灵敏度能满足定量要求。

（2）方法经过科学论证，成熟、准确。

（3）操作简便，易于推广普及。

（4）选择性好。

（二）监测方法的类别

根据选择监测方法的原则，力求使监测资料数据具有可比性，以大量实验、实践为基础，对各类水体中的污染物都编制了相应分析方法。

1. 国家标准分析方法

国家标准分析方法是由国家编制的包括采样在内的、经典的、准确度较高的分析方法，是环境监测必须采用的方法，也是用于纠纷仲裁以及评价其他监测方法的基准方法。

2. 统一分析方法

统一分析方法是指在实际监测过程中，有些项目急需测定，但方法尚不成熟，经过研究将其作为统一方法予以推广，在使用中积累经验，不断完善，逐步成为国家标准分析方法。

3. 等效方法

与前两类方法的灵敏度、准确度具有可比性的分析方法称为等效方法。鼓励监测单位采用新技术、新仪器形成新方法，推动监测技术水平提高。新方法必须经过方法验证和对比实验，证明与国家标准分析方法或统一分析方法等效才能使用。

通常，监测项目有国家标准分析方法的优先选用国家标准分析方法，无国家标准分析方法的优先选用行业内的统一分析方法，既无国家标准分析方法也无统一分析方法的可选用其他相对较为成熟的推荐性的等效方法。

（三）常用监测方法

按照监测方法的原理，水体监测常用的方法有化学分析法如称量法、滴定分析法，仪器分析法如分光光度法、原子吸收分光光度法、气相色谱法、液相色谱法、离子色谱法、多机联用技术等。常用水质监测方法和测定项目见表 3-1-1。

表 3-1-1 常用水质监测方法和测定项目

方法	测定项目
重量法	SS、可滤残渣、矿化度、油类、SO_4^{2-}、Cl^-、Ca^{2+} 等
滴定法	酸度、碱度、CO_2、DO、总硬度、Ca^{2+}、Mg^{2+}、氨氮、Cl^-、F^-、CN^-、SO_4^{2-}、S^{2-}、COD、BOD、挥发酚等
分光光度法	Ag、Al、As、Be、Bi、Ba、Cd、Co、Cr、Cu、Hg、Mn、Ni、Pb、Sb、Se、Th、U、Zn、氨氮、NO_2^--N、NO_3^--N、凯氏氮、PO_4^{3-}、Cl^-、F^-、C、S^{2-}、SO_4^{2-}、BO_3^{2-}、SiO_3^{2-}、Cl_2、挥发酚、甲醛、三氯乙醛、苯胺类、硝基苯类、阴离子洗涤剂等
荧光分光光度法	Se、Be、U、油、Ba、P 等
原子吸收分光光度法	Ag、Al、Ba、Be、Bi、Ca、Cd、Co、Cr、Cu、Fe、Hg、K、Na、Mg、Mn、Ni、Pb、Sb、Se、Sn、Te、Tl、Zn 等
氢化物及冷原子吸收法	As、Sb、Bi、Ge、Sn、Pb、Se、Te、Hg

续表 3-1-1

方法	测定项目
原子荧光法	As、Sb、Bi、Se、Hg
火焰光度法	Li、Ni、K、Sr、Ba 等
电极法	电导率、pH、DO、Cl^-、F^-、CN^-、S^{2-}、NO_3^-、K^+、Na^+、NH_4^+ 等
离子色谱法	Cl^-、F^-、Br^-、NO_2^-、NO_3^-、SO_3^{2-}、SO_4^{2-}、$H_2PO_4^-$、K^+、Na^+、NH_4^+ 等
气相色谱法	Be、Se、苯系物、挥发性卤代烃、氯苯类、六六六、DDT、有机磷农药类、三氯乙醛、PCB 等
液相色谱法	多环芳烃类
ICP-AES	水中金属元素、污染重金属以及底质中多种元素的同时测定

注:SS 为悬浮物,DO 为溶解氧,COD 为化学需氧量,BOD 为生化需氧量,PCB 为多氯联苯。

四、水体监测项目

水体监测项目根据监测的目的、水体被污染情况、水体功能、废（污）水中所含污染物质以及客观条件等因素确定，不可能也没有必要对所有的项目一一进行测定，通常只需要对标准中要求控制、在环境中难以降解、危害性和毒性大、影响范围广的优先监测污染物加以监测。根据我国环境监测技术规范分别规定测定项目如下。

（一）地表水监测项目

地表水监测项目见表 3-1-2。

表 3-1-2　地表水监测项目

地表水类型	必测项目	选测项目
河流	水温、pH、悬浮物、总硬度、电导率、溶解氧、化学需氧量、氨氮、亚硝酸盐氮、BOD、硝酸盐氮、挥发酚、氰化物、砷、汞、六价铬、铅、镉、石油类等	硫化物、氟化物、氯化物、有机氯农药、有机磷农药、总铬、铜、锌、大肠杆菌、总 α 放射性、总 β 放射性、铀、镭、钍等
饮用水源地	水温、pH、浊度、总硬度、DO、COD、BOD、氨氮、亚硝酸盐氮、硝酸盐氮、挥发酚、氰化物、砷、汞、六价铬、铅、镉、氟化物、细菌总数、大肠菌群等	铜、锌、锰、阴离子洗涤剂、硒、油类、有机氯农药、有机磷农药、硫酸盐、碳酸盐等
湖泊、水库	水温、pH、SS、DO、总硬度、透明度、总氮、总磷、COD、BOD、挥发酚、氰化物、砷、汞、六价铬、铅、镉等	钾、钠、藻类、悬浮藻、可溶性固形物含量、大肠菌群等
底泥	砷、汞、铬、镉、铅、铜等	硫化物、有机氯农药、有机磷农药等

（二）地下水监测项目

地下水监测项目见表 3-1-3。

表 3-1-3　地下水监测项目

指标类型	常规指标	非常规指标
感官性状及一般性化学指标	色、嗅、味、浑浊度、肉眼可见物、pH、总硬度、可溶性固形物含量、硫酸盐、氯化物、铁、锰、铜、锌、铝、挥发性酚类、阴离子表面活性剂、耗氧量、氨氮、硫化物、钠	/
微生物指标	总大肠菌群、菌落总数	/
毒理学指标	亚硝酸盐、硝酸盐、氰化物、氟化物、碘化物、汞、砷、硒、镉、六价铬、铅、三氯甲烷、四氯化碳、苯、甲苯	铍、硼、锑、钡、镍、钴、钼、银、铊、二氯甲烷、1,2-二氯乙烷、1,1,1-三氯乙烷、1,1,2-三氯乙烷、1,2-二氯丙烷、三溴甲烷、氯乙烯、1,1-二氯乙烯、1,2-二氯乙烯、三氯乙烯、四氯乙烯、氯苯、邻二氯苯、对二氯苯、三氯苯、乙苯、二甲苯、苯乙烯、2,4-二硝基甲苯、萘、蒽、荧蒽、苯并[*b*]荧蒽、苯并[*a*]芘、多氯联苯、邻苯二甲酸二(2-乙基己基)酯、2,4,6-三氯酚、五氯酚、六六、γ-六六六(林丹)、滴滴涕、六氯苯、七氯、2,4-D、克百威、涕灭威、敌敌畏、甲基对硫磷、马拉硫磷、乐果、毒死蜱、百菌清、莠去津、草甘膦
放射性指标	总 α 放射性、总 β 放射性	/

(三)工业废水监测项目

工业废水监测项目见表 3-1-4。

表 3-1-4　工业废水监测项目

类别	监测项目
黑色金属矿山(包括磁铁矿、赤铁矿、锰矿等)	pH、悬浮物、硫化物、铜、铅、锌、镉、汞、六价铬等
黑色冶金(包括选矿、烧结、炼焦、炼铁、炼钢等)	pH、悬浮物、COD、硫化物、氟化物、挥发酚、氰化物、石油类、铜、铅、锌、砷、镉、汞等
选矿药剂	COD、BOD、悬浮物、硫化物、挥发酚等
有色金属矿山及冶炼(包括选矿、烧结、冶炼、电解、精炼等)	pH、悬浮物、COD、硫化物、氟化物、挥发酚、铜、铅、锌、砷、镉、汞、六价铬等
火力发电、热电	pH、悬浮物、硫化物、砷、铅、镉、挥发酚、石油类、水温等

续表 3-1-4

类别		监测项目
煤矿(包括洗煤)		pH、悬浮物、砷、硫化物等
焦化		COD、BOD、悬浮物、硫化物、挥发酚、石油类、氰化物、氨氮、苯类、多环芳烃、水温等
石油开发		pH、COD、BOD、悬浮物、硫化物、挥发酚、石油类等
石油炼制		pH、COD、BOD、悬浮物、硫化物、挥发酚、氰化物、石油类、苯类、多环芳烃等
化学矿开采	硫铁矿	pH、悬浮物、硫化物、砷、铜、铅、锌、镉、汞、六价铬等
	雄黄矿	pH、悬浮物、硫化物、砷等
	磷矿	pH、悬浮物、氟化物、硫化物、砷、铅、磷等
	萤石矿	pH、悬浮物、氟化物等
	汞矿	pH、悬浮物、硫化物、砷、汞等
无机原料	硫酸	pH(或酸度)、悬浮物、硫化物、氟化物、铜、铅、锌、镉、砷等
	氯碱	pH(或酸、碱度)、COD、悬浮物、汞等
	铬盐	pH(或酸度)、总铬、六价铬等
有机原料		pH(或酸、碱度)、COD、BOD、悬浮物、挥发酚、氰化物、苯类、硝基苯类、有机氯等
化肥	磷肥	pH(或酸度)、COD、悬浮物、氟化物、砷、磷等
	氮肥	COD、BOD、挥发酚、氰化物、硫化物、砷等
橡胶	合成橡胶	pH(或酸、碱度)、COD、BOD、石油类、铜、锌、六价铬、多环芳烃等
	橡胶加工	COD、BOD、硫化物、六价铬、石油类、苯、多环芳烃等
塑料		COD、BOD、硫化物、氰化物、铬、砷、汞、石油类、有机氯、苯类、多环芳烃等
化纤		pH、COD、BOD、悬浮物、铜、锌、石油类等
农药		pH、COD、BOD、悬浮物、硫化物、挥发酚、砷、有机氯、有机磷等
制药		pH(或酸、碱度)、COD、BOD、石油类、硝基苯类、硝基酚类、苯胺类等
染料		pH(或酸、碱度)、COD、BOD、悬浮物、挥发酚、硫化物、苯胺类、硝基苯类等
颜料		pH、COD、悬浮物、硫化物、汞、六价铬、铅、镉、砷、锌、石油类等
油漆		COD、BOD、挥发酚、石油类、氰化物、镉、铅、六价铬、苯类、硝基苯类等
其他有机化工		pH(或酸、碱度)、COD、BOD、挥发酚、石油类、氰化物、硝基苯类等
合成脂肪酸		pH、COD、BOD、油、锰、悬浮物等
合成洗涤剂		COD、BOD、油、苯类、表面活性剂等
机械制造		COD、悬浮物、挥发酚、石油类、铅、氰化物等
电镀		pH(或酸度)、氰化物、六价铬、铜、锌、镍、镉、锡等
电子、仪器、仪表		pH(或酸度)、COD、苯类、氰化物、六价铬、汞、镉、铅等
水泥		pH、悬浮物等
玻璃、玻璃纤维		pH、悬浮物、COD、挥发酚、氰化物、砷、铅等
油毡		COD、石油类、挥发酚等

续表 3-1-4

类别	监测项目
石棉制品	pH、悬浮物、石棉等
陶瓷制品	pH、COD、铅、镉等
人造板、木材加工	pH(或酸、碱度)、COD、BOD、悬浮物、挥发酚等
食品	pH、COD、BOD、悬浮物、挥发酚、氨氮等
纺织、印染	pH、COD、BOD、悬浮物、挥发酚、硫化物、苯胺类、色度、六价铬等
造纸	pH(或碱度)、COD、BOD、悬浮物、挥发酚、硫化物、铅、汞、木质素、色度等
皮革及皮革加工	pH、COD、BOD、悬浮物、硫化物、氯化物、总铬、六价铬、色度等
电池	pH(或酸度)、铅、锌、汞、镉等
火工	铅、汞、硝基苯类、硫化物、锶、铜等
绝缘材料	COD、BOD、挥发酚等

（四）生活污水监测项目

生活污水监测项目包括 COD、BOD、悬浮物、氨氮、总氮、总磷、阴离子洗涤剂、细菌总数、大肠菌群等。

（五）医院污水监测项目

医院污水监测项目包括 pH、色度、浊度、悬浮物、剩余氯、COD、BOD、致病菌、细菌总数、大肠菌群等。

五、水样保存与预处理技术

（一）水样保存技术

水样常用的保存技术见表 3-1-5。

（二）水样预处理

水样的预处理是环境监测中的一项重要的常规工作，其目的是去除组分复杂的共存干扰成分，将含量低、形态各异的组分处理成适合于监测的含量及形态。常用的水样预处理方法有水样的消解、富集和分离等。

1. 水样的消解

水样的消解是将样品与酸、氧化剂、催化剂等共置于回流装置或密闭装置中，加热分解并破坏有机物的一种方法，金属化合物的测定多采用此方法进行预处理。处理的目的一是排除有机物和悬浮物的干扰，二是将金属化合物转变成简单的、稳定的形态，同时消化还可达到浓缩的目的。消化后的水样应清澈、透明、无沉淀。常用的消解法有以下几种。

表 3-1-5　水样常用保存技术

待测项目		容器类别	保存方法	分析地点	可保存时间	建议
物理、化学及生化分析	pH	P 或 G		现场		现场直接测定
	酸度或碱度	P 或 G	在 2～5 ℃暗处冷藏	实验室	24 h	水样充满整个容器
	溴	G		实验室	6 h	最好在现场进行测定
	电导率	P 或 G	2～5 ℃冷藏	实验室	24 h	最好在现场进行测定
	色度	P 或 G	在 2～5 ℃暗处冷藏	现场、实验室	24 h	
	悬浮物及沉积物	P 或 G		实验室	24 h	单独定容采样
	浊度	P 或 G		实验室	尽快	最好在现场进行测定
	臭氧	P 或 G		现场		
	剩余氯	P 或 G		现场		最好在现场分析，如果做不到，在现场用过量 NaOH 固定，保存时间不应超过 6 h
	二氧化碳	P 或 G		实验室		
	溶解氧	溶解氧瓶	现场固定并存在暗处	现场、实验室	几小时	碘量法加 1 mL 1 mol/L 高锰酸钾和 2 mL 1 mol/L 碱性碘化钾
	油脂、油类、碳氢化合物、石油及其衍生物	用分析时使用的溶剂冲洗容器	现场萃取冷冻至 −20 ℃	实验室	24 h 至数月	建议于采样后立即加入在分析方法中所用的萃取剂，或进行现场萃取
	离子型表面活性剂	G	在 2～5 ℃下冷藏，H_2SO_4 酸化至 pH<2	实验室	尽快至 48 h	

续表 3-1-5

待测项目		容器类别	保存方法	分析地点	可保存时间	建议
物理、化学及生化分析	非离子型表面活性剂		加入体积分数为 40% 的甲醛，使样品成为体积分数为 1% 的甲醛溶液，在 2～5 ℃下冷藏，并使水样充满容器	实验室	尽快至 48 h	
	砷			实验室	1 个月	不能用硝酸酸化的生活污水及工业污水，应使用这种方法
	硫化物			实验室	24 h	必须现场固定
	总氰	P	用 NaOH 调节至 pH>12	实验室	24 h	
	COD	G	在 2～5 ℃暗处冷藏	实验室	尽快	如果 COD 是因为存在有机物引起的则必须加以酸化。COD 值低时，最好用玻璃容器保存
			用 H_2SO_4 酸化至 pH<2	实验室	1 周	
			−20 ℃冷冻(一般不使用)	实验室	1 个月	
	BOD	G	在 2～5 ℃下暗处冷藏	实验室	尽快	BOD 值低时，最好用玻璃容器
			−20 ℃冷冻(一般不使用)	实验室	1 个月	
	凯氏氮	P 或 G	用 H_2SO_4 酸化至 pH<2 并在 2～5 ℃下冷藏	实验室	短暂	为了阻止硝化细菌的新陈代谢，应考虑加入杀菌剂如丙烯硫脲、氯化汞或三氯甲烷等
	氨氮	P 或 G				
	硝酸盐氮	P 或 G	酸化至 pH<2 并在 2～5 ℃下冷藏	实验室	24 h	有些污水样品不能保存，需要现场分析

续表 3-1-5

待测项目		容器类别	保存方法	分析地点	可保存时间	建议
物理、化学及生化分析	亚硝酸盐氮	P 或 G	在 2～5 ℃下暗处冷藏	实验室	尽快	
	有机碳	G	用 H_2SO_4 酸化至 pH<2 并在 2～5 ℃下冷藏	实验室	24 h	应该尽快测试，有些情况下，可以应用干冻法(<−20 ℃)。建议于采样后立即加入在分析方法中所用的萃取剂，或现场进行萃取
	有机氯农药	G	在 2～5 ℃下冷藏			
	有机磷农药		在 2～5 ℃下冷藏	实验室	24 h	建议于采样后立即加入在分析方法中所用的萃取剂，或现场进行萃取
	“游离”氯化物	P	保存方法取决于分析方法	现场	24 h	
	酚	BG	用 $CuSO_4$ 抑制生化反应并用 H_3PO_4 酸化或用 NaOH 调节至 pH>12	现场	24 h	保存方法取决于所用的分析方法
	叶绿素	P 或 G	2～5 ℃下冷藏	实验室	24 h	
			过滤后冷冻滤渣	实验室	1 个月	
	肼	G	用 HCl 调至 1 mol/L(每升样品取 100 mL)并于暗处储存	实验室	24 h	
	洗涤剂	见表面活性剂				
	汞	P 或 BG		实验室	2 周	保存方法取决于分析方法

续表 3-1-5

待测项目		容器类别	保存方法	分析地点	可保存时间	建议
物理、化学及生化分析	可过滤铝	P	在现场过滤并用硝酸酸化滤液至 pH<2(如测定时用原子吸收法则不能用 H_2SO_4)	实验室	1个月	滤渣用于测定不可过滤态铝,滤液用于该项测定
	附着在悬浮物上的铝		现场过滤	实验室	1个月	
	总铝		酸化至 pH<2	实验室	1个月	取均匀样品消解后测定,酸化时不能使用 H_2SO_4
	钡	P或BG	同总铝			
	镉	P或BG	同总铝			
	铜		同总铝			
	总铁	P或BG	同总铝			
	铅	P或BG	同总铝			酸化不能使用 H_2SO_4
	锰	P或BG	同总铝			
	镍	P或BG	同总铝			
	银	P或BG	同总铝			
	锡	P或BG	同总铝			
	铀	P或BG	同总铝			

续表 3-1-5

待测项目		容器类别	保存方法	分析地点	可保存时间	建议
物理、化学及生化分析	锌	P 或 BG	同总铝	实验室	尽快	不得使用磨口及内壁已磨毛的容器，以避免对铬的吸附
	总铬	P 或 BG	同总铝			
	六价铬	P 或 G	用氢氧化钠调节使 pH 为 7～9			
	钴	P 或 G	同总铝	实验室	24 h	酸化时不要用 H_2SO_4
	钙	P 或 G	过滤后将滤液酸化至 pH<12	实验室	数月	
	总硬度		同总钙			
	镁	P 或 G	同总钙			
	锂	P	酸化至 pH<2	实验室		
	钾	P	同总锂			
	钠	P	同总锂			
	溴化物及含溴化合物	P 或 G	于 2～5 ℃冷藏	实验室	尽快	样品应避光保存
	氯化物	P 或 G		实验室	数月	
	氟化物	P		实验室	若样品是中性的，可保存数月	
	碘化物	非光化玻璃	于 2～5 ℃冷藏，加碱调整至 pH=8	实验室	24 h	样品应避免日光直射

续表 3-1-5

待测项目		容器类别	保存方法	分析地点	可保存时间	建议
物理、化学及生化分析	正磷酸盐	BG	于 2～5 ℃冷藏	实验室	24 h	
	总磷	BG	用 H_2SO_4 酸化至 pH<2	实验室	数月	
	硒	G 或 BG	用 NaOH 调节 pH>11	实验室		
	硅酸盐		过滤并用 H_2SO_4 酸化至 pH<2，于 2～5 ℃冷藏	实验室	24 h	
	总硅	P		实验室	数月	
	硫酸盐	P 或 G	于 2～5 ℃冷藏	实验室	1 周	
	亚硫酸盐	P 或 G	在现场按每 100 mL 水样加 1 mL 质量分数为 25%的 EDTA 溶液	实验室	1 周	
	硼及硼酸盐	P		实验室	数月	
微生物分析	细菌总数（大肠杆菌、粪便链球菌、志贺菌等）	G(灭菌)	于 2～5 ℃冷藏	实验室	尽快（地表水、污染水及饮用水）	取氯化或溴化过的水样时，所用的样品瓶消毒之前，按每 125 mL 加入 0.1 mL 质量分数 10%的硫代硫酸钠（$Na_2S_2O_3$）以消除氯或溴对细菌的抑制作用。对金属含量高于 0.01 mg/L 的水样，应在容器消毒之前，按每 125 mL 容积加入 0.3 mL 质量分数为 15%的 EDTA 溶液

注：P 为聚乙烯容器；G 为玻璃容器；BG 为硼硅玻璃容器。

（1）硝酸消解法　硝酸消解法适用于较清洁的水样。操作方法：取水样 50～200 mL 于烧杯中，加入 5～10 mL 浓 HNO_3，加热煮沸，蒸发至试液清澈透明，呈浅色或无色，否则，应补加 HNO_3 继续消解；当液体蒸发至近干时，取下烧杯，稍冷后加 2% HNO_3 20 mL 溶解可溶盐；若有沉淀应过滤；滤液冷至室温后于 50 mL 容量瓶中定容，备用。

（2）硝酸-高氯酸消解法　硝酸-高氯酸消解法适用于含有机物、悬浮物较多的水样。操作方法：取适量水样于烧杯或锥形瓶中，加入 5～10 mL HNO_3，加热消解至大部分有机物被分解；取下烧杯稍冷，加 2～5 mL 高氯酸，继续加热至开始冒白烟，若试液仍呈深色，再补加 HNO_3，继续加热至冒白烟且颜色逐渐消失时，取下烧杯冷却；用 2% HNO_3 溶解，如有沉淀应过滤；滤液冷却至室温，定容，备用。

（3）硫酸-高锰酸钾消解法　硫酸-高锰酸钾消解法常用于消解需测定汞的水样。$KMnO_4$ 是强氧化剂，在中性、碱性、酸性条件下都可以氧化有机物，其氧化产物多含草酸根，但在酸性介质中还可继续氧化。操作方法：取适量的水样，加适量 H_2SO_4 和 5% $KMnO_4$ 溶液，混匀后加热煮沸，冷却，滴加盐酸羟胺溶液破坏过量的 $KMnO_4$。

（4）硝酸-硫酸消解法　硝酸和硫酸都有比较强的氧化能力，其中硝酸的沸点低，而硫酸的沸点高，二者结合使用，可提高消解温度和消解效果。常用的硝酸与硫酸的比例为 5∶2。消解时，先将硝酸加入水样中，加热蒸发至小体积，稍冷，再加入硫酸、硝酸，继续加热蒸发至冒大量白烟，冷却，加适量水，温热溶解可溶盐，若有沉淀，应过滤。为提高消解效果，常加入少量过氧化氢。该法不适用于处理测定易生成难溶硫酸盐组分（如铅、钡、锶）的水样。

（5）硫酸-磷酸消解法　硫酸-磷酸消解法适用于需消除 Fe^{3+} 等离子干扰的水样。因硫酸和磷酸的沸点都比较高，硫酸氧化性较强，磷酸能与一些金属离子配合。

（6）干灰化法　干灰化法又称高温分解法。其处理过程是：取适量水样于白瓷或石英蒸发皿中，置于水浴上蒸干，移入马弗炉内，于 450～550 ℃灼烧到残渣呈灰白色，使有机物完全分解除去。取出蒸发皿，冷却，用适量 2% HNO_3（或 HCl）溶解样品灰分，过滤，滤液定容后供测定。本方法不适用于处理测定易挥发组分（如砷、汞、镉、硒、锡等）的水样。

此外还有多元消解方法、碱分解法等，根据水样的性质，适当选用。

2. 微波消解

微波消解技术应用于样品处理，所用试剂少、空白值低，且避免了元素的挥发损失和样品的污染。

（1）微波消解原理　微波消解是以微波作为加热源，直接通过物质吸收热量来达到加热目的的。微波加热通过偶极子旋转和离子传导两种方式吸收微波能，达到即时深层加热，从而产生热效应。不同物质对微波能的吸收可用介质的耗散因子 $\tan\delta$（耗散角正切）来描述。物质的 $\tan\delta$ 值越大，对微波能的吸收、耗散就越大，微波发生频率的穿透就越小。

微波消解应选择耗散因子小的材料作容器，以减少容器对微波的吸收损失。例如，石英、聚四氟乙烯、玻璃等都是理想的选择。这些材料不仅对微波能的吸收少（穿透性好），而且具有耐各种酸及耐高温的性能，同时，表现为化学惰性。此外，当微波用于有机萃取时，应当利用极性试剂的微波效应，吸收微波能，以提高分子间的相互作用。

(2) 微波消解器　微波消解器由消解罐和消解装置组成。消解罐分为开口式常压消解和密闭容器高压消解两种方式。开口式消解选用锥形瓶、烧杯等器皿。高压消解具有一定的优势，高压消解方式提供的压力提高了所用酸的沸点，并且，密闭环境产生的高温，使化学反应速率加快，能减少消解时间。密闭容器消解还避免了易挥发元素的损失，并且没有酸的挥发损失，使试剂空白值降低等。但密闭容器的微波消解同时形成高温高压，会产生爆炸危险。为此，现行的解决方案是采用温度、压力传感器实时监测和控制，使运行操作在安全范围内；此外，设计泄压装置或防爆片，当罐内压力超过一定值后，装置会自动泄压。如图 3-1-1 所示。

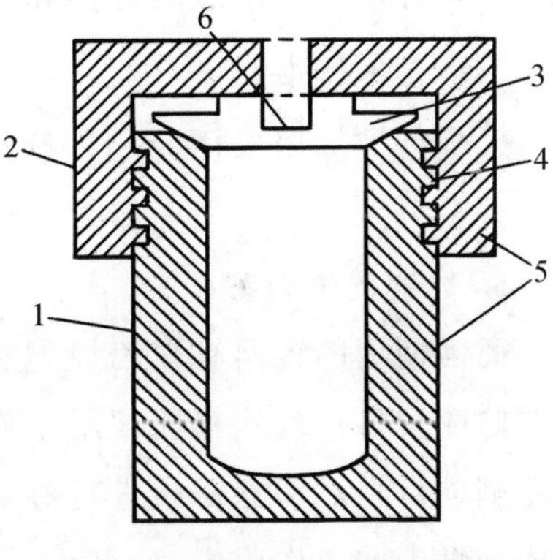

1—罐体　2—外盖　3—内盖　4—方牙
5—外部滚花　6—防爆膜

图 3-1-1　泄压式微波消解罐的剖面图

消解装置可选择专用消解仪或家用磁控管微波炉。前者附有各种控制设计（包括温度、压力监视等），价格较昂贵；后者为普通微波炉，使用带自动卸压（安全片）保护的密闭式消解罐。消解罐以聚四氟乙烯（PTFE）材料制成，通常可同时放置 8 个样品，一次消解。其较传统加热方法不仅在能耗、时耗等方面表现出极大的优越性，而且具有更强的氧化效率和可靠性。

3. 水样的富集和分离

当水样中待测组分含量低于分析方法的检出限时，就必须进行富集或浓缩；当有共存干扰组分时，就必须采取分离或掩蔽措施。富集和分离往往是不可分割、同时进行的。常用的方法有过滤、挥发、蒸馏、溶剂萃取、离子交换、吸附、共沉淀、层析、低温浓缩等，要结合具体情况选择使用。各种方法的特点见表 3-1-6。

表 3-1-6　水样的富集和分离常用方法

序号	方法名称	方法原理	适用条件
1	挥发	利用某些污染组分挥发性强，或者将待测组分转变成易挥发物质，然后用惰性气体带出而达到分离的目的。	常用于测定水体汞、砷等重金属以及硫化物样品的预处理。
2	蒸馏	利用水样中各组分具有不同的沸点而使其彼此分离的方法。	常用于测定水样中的挥发酚、氰化物、氟化物以及氨氮样品的预处理。
3	溶剂萃取	利用物质在不同的溶剂中分配系数不同，而实现组分的分离与富集。	常用于水中有机化合物的预处理。
4	离子交换	利用离子交换剂与溶液中的离子发生交换作用而使离子分离的方法。	常应用于富集和分离微量或痕量元素。

六、采样前的准备工作

从水体中取出的反映水体水质状况的水称为水样，将水样从水体中分离出来的过程称为采样，采样地点的选择和监测网点的建立称为布点。

（一）采样准备

采样前应提出采样计划，确定采样断面、采样垂线和采样点，明确采样时间和路线、人员分工、所需采样器材、样品的保存和交通工具等。

1. 容器的准备

通常使用的容器有聚乙烯塑料容器和硬质玻璃容器。塑料容器常用于金属和无机物的监测项目；玻璃容器常用于有机物和生物等的监测项目；惰性材料容器常用于特殊监测项目。对容器材质进行分类的目的是避免引入干扰成分，因为各类材质与水样可能会发生如下作用。

（1）可溶于水样，如从塑料容器溶解下来的有机质和从玻璃容器溶解下来的钠、硅和硼。

（2）可吸附水样中某些组分，如玻璃吸附痕量金属，塑料吸附有机质和痕量金属。

（3）水样与容器直接发生化学反应，如水样中的氟化物与玻璃容器间的反应等。

容器在使用前必须经过洗涤，盛装测金属类水样的容器，先用洗涤剂清洗、自来水冲洗，再用10%的盐酸或硝酸浸泡 8 h 后用自来水冲洗，最后用蒸馏水清洗干净；盛装测有机物水样的容器先用洗涤剂冲洗，再用自来水冲洗，最后用蒸馏水清洗干净。

2. 采样器的准备

采样器与水样接触，材质常采用聚乙烯塑料、有机玻璃、硬质玻璃和金属铜、铁等。清洗时，先用自来水冲去灰尘等杂物，用洗涤剂去除油污，自来水冲洗后，再用

10%盐酸或硝酸涮洗，再用自来水冲洗干净备用。

3. 交通工具的准备

最好有专用的监测船和采样船，或其他适合的船只，根据交通条件准备合适的陆上交通工具。

（二）采样量

采样量与监测方法和水样组成、性质、污染物浓度有关。按监测项目计算后，再适当增加20%～30%作为实际采样量。供一般物理与化学监测用水样采集2～31个，待测项目很多时采集5～101个，充分混合后分装于1～21个储样瓶中。采集的水样除一部分做检测，还要保存一部分备用。正常浓度水样的采样量（不包括平行样和质控样）见表3-1-7。

表3-1-7 水样采集量 mL

监测项目	水样采集量	监测项目	水样采集量	监测项目	水样采集量
悬浮物	100	氯化物	50	溴化物	100
色度	50	金属	1 000	碘化物	100
嗅	200	铬	100	氰化物	500
浊度	100	硬度	100	硫酸盐	50
pH	50	酸度、碱度	100	硫化物	250
电导率	100	溶解氧	300	COD	100
凯氏氮	500	氨氮	400	苯胺类	200
硝酸盐氮	100	BOD	1 000	硝基苯	100
亚硝酸盐氮	50	油	1 000	砷	100
磷酸盐	50	有机氯农药	2 000	显影剂类	100
氟化物	300	酚	1 000		

任务一 制订水质监测方案

【任务目标与质量要求】

1. 了解水样的类型，熟悉常规水质监测指标。

2. 熟悉常用的水质监测方法标准和相关技术规范，培养实事求是、与时俱进、遵规守纪、科学严谨的职业品质。

3. 掌握采样前准备、采样点布设原则及方法，培养探索发现和解决问题的思维，树立科学精神。

4. 掌握采样器的选择与使用方法，培养互帮互助、团结合作精神和主动学习的良好风气。

5. 掌握水样的运输、保存原则及方法，培养认真负责、勇于探索、吃苦耐劳的职业品质。

6. 掌握地表水、地下水、工业废水水质监测方案的内容与制订方法。

【学习产出目标】

1. 制订河流、井水和工业废水水质监测方案各一份，并通过企业师傅的考核。

2. 快速、准确地查找到所需的水质监测方法和相关技术标准文本资料。

【任务实施】

一、监测方案的组成

环境监测结果的科学、准确有赖于对监测过程中每一环节的把握，以及监测前有目的、有计划、有组织的充分的准备工作，尤为重要的是在监测前制订切实可行的监测方案。环境监测主要由采样技术、测试技术、数据处理技术构成，在明确监测目的的前提下，监测方案由采样方案、分析测定方案、数据处理方案几部分组成。其中采样方案包括网点设计、采样时间、采样频率、采样方法、样品的运输、样品的储存、样品的处理等；分析测定方案包括监测方法的选择、监测操作、制定质量保证体系等；数据处理方案包括数据处理方法、监测报告、综合评价等。

制订的监测方案应能有效指导环境监测工作的开展，若持有监测方案后仍不清楚如何开展环境监测工作，则此方案需继续修改完善。监测方案制订的过程一般依次为任务分析、收集资料、设计方案、审核方案。

水体监测没有必要对全部水体进行测定，为了使测定的水样正确反映水体的水质状况，具有代表性，必须控制好诸如采样前的现场调查研究和收集资料、监测断面和采样点的布设、采样时间和采样频率的确定、采样器和采样方法的选择、水样的保存与运输、样品的预处理等关键环节。因此，监测方案需对上述关键环节进行详细设计。

二、水样类型

1. 瞬时水样

瞬时水样是指在某一时间和地点从水体中随机采集的分散水样。当水体水质稳定，或其组分在相当长的时间或相当大的空间范围内变化不大时，瞬时水样具有很好的代表性；当水体组分及含量随时间和空间变化时，就应隔时、多点采集瞬时水样，分别进行分析，摸清水质的变化规律。

2. 混合水样

混合水样是指在同一采样点于不同时间所采集的瞬时水样的混合水样，有时称

"时间混合水样"，以区别于其他混合水样。这种水样观察平均浓度时非常有用，但不适用于被测组分在储存过程中发生明显变化的情况。

3. 综合水样

不同采样点同时采集的各个瞬时水样混合后所得到的样品称综合水样。这种水样在某些情况下更具有实际意义。例如，当为几条污水河、渠建立综合处理厂时，以综合水样取得的水质参数作为设计的依据将会更为合理。

子任务一　地表水水质监测方案

地表水即地球表面上的水，如海洋、河流、湖泊、水库、沟渠中的水，本子任务主要依据《地表水环境质量监测技术规范》（HJ 91.2—2022）完成河流水质监测方案的制订。

一、收集资料、调查研究

在采集水样之前，应尽可能完备地收集欲监测水体及所在区域的有关资料，主要包括如下几类。

（1）水体的水文、气候、地质和地貌特征。如水位、水量、流速及流向的变化；降雨量、蒸发量及历史上的水情；河流的宽度、深度、河床结构及地质状况；湖泊沉积物的特性、同温层的分布、等深线等。

（2）水体沿岸城市分布、污染源分布及其排污情况、城市给排水情况等。

（3）水体沿岸的资源现状和水资源的用途；饮用水源分布和重点水源保护区；水体流域土地功能及近期使用计划等。

（4）历年的水质监测资料等。

二、监测断面的设置原则

在对调查研究结果和有关资料进行综合分析的基础上，根据监测目的和监测项目，并考虑人力、物力等因素确定监测断面，同时还要考虑实际采样时的可行性和方便性。在水域的下列位置应设置监测断面。

（1）有大量污水排入河流的主要居民区、工业区的上游和下游。

（2）湖泊、水库、河口的主要入口和出口，河流的入海口处。

（3）城市饮用水源区、水资源集中的水域、主要风景游览区、水上娱乐区及重大水利设施所在地等功能区。

（4）较大支流汇合口上游和汇合后与干流充分混合处、入海河流的河口处、受潮汐影响的河段和严重水土流失区。

（5）断面位置应避开死水区、回水区、排污口处，尽量选择顺直河段、河床稳定、水流平稳、水面宽阔、无急流、无浅滩处。

（6）国际河流出入国境线的出入口处。

（7）应尽可能与水文测量断面重合，实现水质监测与水量监测的结合，并要求交通方便、有明显的岸边标志。监测断面和采样点位置确定后，如果岸边无明显的天然标志，应立即设置标志物如竖石柱、打木桩等。每次采样时以标志物为准，在同一点位上采样，以保证样品的代表性和可比性。

监测断面的设置数量，应根据掌握水环境质量状况的实际需要，在考虑到对污染物时空分布和变化规律的了解、优化的基础上，以最少的断面、垂线和测点取得代表性最好的监测。

三、监测断面的设置

（一）河流监测断面的设置

对于江、河水系或其中某一河段，常设置三种断面，即对照断面、控制断面和消减断面。河流监测断面典型设置，如图 3-1-2 所示。

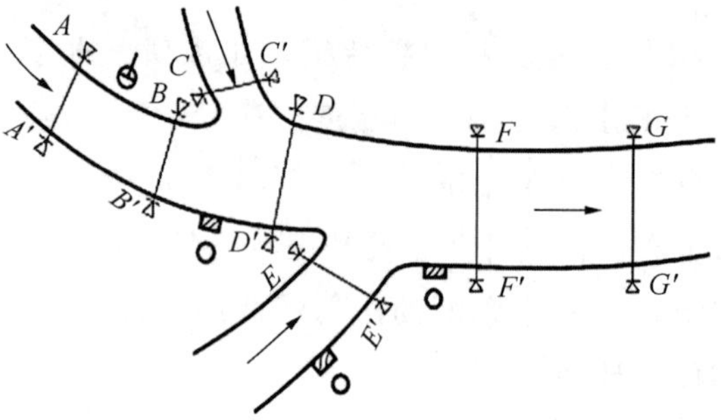

→—水流方向　○—污染源　▨—排污口　$A—A'$—对照断面　$B—B'$、$C—C'$、$D—D'$、$E—E'$、$F—F'$—控制断面　$G—G'$—消减断面

图 3-1-2　河流监测断面设置示意图

1. 对照断面

为水体中污染物监测及污染程度提供参比、对照而设置，能够了解流入监测河段前水体水质状况。因此这种断面应设在河流进入城市或工业区以前的地方，避开各种污水的流入或回流处。一般一个河段只设一个对照断面，有主要支流时可酌情增加。

对一个水系或一条较长河流的完整水体进行污染监测时需要设置背景断面，一般设置在河流上游或接近河流源头、未受或少受人类活动影响处，可获得河流背景值。

2. 控制断面

该断面常称污染监测断面，表明河流污染状况与变化趋势，与对照断面比较即可了解河流污染现状。控制断面的数目按河段被污染情况、排污口分布、城市工业分布情况而定。控制断面一般设在排污口下游 500～1 000 m 处，因为在排污口的污染带下游 500 m 横断面的 1/2 宽度处重金属的浓度出现高峰值。此外，还应考虑对纳污量的控制程度，即各控制断面控制的纳污量应不小于该河段总纳污量的 80%。如果某河段的各控制断面均有至少 5 年的监测资料，可根据现有资料优化断面，确定控制断面的位置和数量。

3. 消减断面

消减断面表明河流被污染后，经过河流水体自净作用后的情况。常选择污染物浓度明显下降，其左、中、右三点浓度差异较小的断面，通常在距城市或工业区最后一个排污口下游 1 500 m 以外的河段上。

（二）湖泊、水库的监测断面设置

湖泊、水库监测断面设置前，应先判断湖泊、水库是单一水体还是复杂水体，考虑汇入的河流数量、水体径流量、季节变化及动态变化、沿岸污染源分布等，按以下原则设置监测断面，如图 3-1-3 所示。

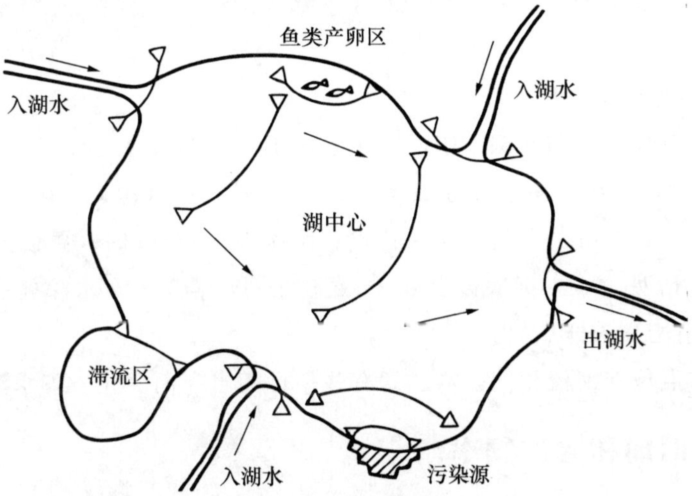

图 3-1-3　湖泊、水库监测断面设置示意图

（1）进出湖、库的河流汇合处设监测断面。

（2）以功能区为中心（如城市和工厂的排污口、饮用水源、风景游览区、排灌站等），在其辐射线上设置弧形监测断面。

（3）在湖库中心，深、浅水区，滞流区，不同鱼类的洄游产卵区，水生生物经济区等设置监测断面。

四、采样点的布设

在设置监测断面后，应先根据水面宽度确定断面上的采样垂线，再根据采样垂线深度确定采样点的位置和数目。采样垂线和采样点的设置，如图 3-1-4 所示。

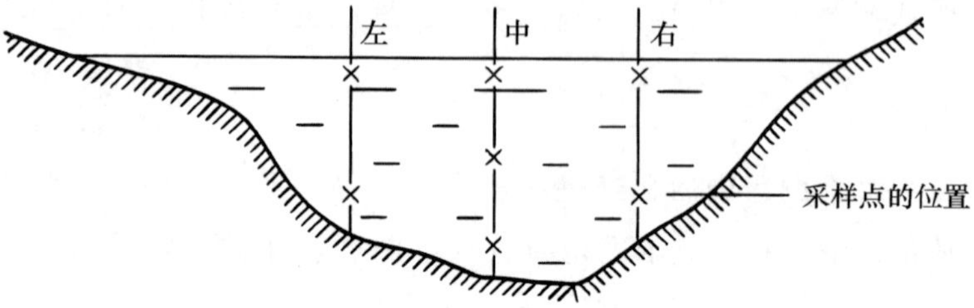

图 3-1-4 采样垂线和采样点的设置

1. 采样垂线的位置和数目

采样垂线的位置和数目根据水面宽度确定。通常当水面宽度小于 50 m 时，在采样断面的中间位置设一条中垂线；宽 50～100 m 时，在左右近岸有明显水流处各设一条垂线；宽度大于 100 m 时，设左、中、右 3 条垂线；水面宽大于 1 500 m 时至少设 5 条等距离垂线。

2. 采样点的位置和数目

每一条采样垂线上，当水深小于或等于 1 m 时，仅需在 1/2 水深处设一个采样点；当水深 1～5 m 时，只在水面下 0.5 m 处设一个采样点；水深 5～10 m 时，在水面下 0.5 m 处和河底上 0.5 m 处各设一个采样点；水深 10～50 m 时，要设三个采样点，分别是水面下 0.5 m 处一点，河底以上 0.3～0.5 m 处一点，1/2 水深处一点；水深超过 50 m 时，应酌情增加采样点数。

湖、库采样点位与河流相同，需注意有些指标随水深而变化，如水温和溶解氧等。

五、采样时间和采样频率

（1）对较大水系干流和中小河流，全年采样不少于 12 次。其他水系至少全年采样不少于 6 次，采样时间为丰、枯和平水期，每期采样 2 次。

（2）流经城市工业区、污染较严重的河流、游览水域、饮用水源地等全年采样不少于 12 次，采样时间为每月 1 次。

（3）潮汐河流全年采样 3 次，丰、平、枯水期各 1 次，每次采样 2 天，分别在大潮期和小潮期进行，每次应采集当天涨、退潮水样分别测定。

（4）湖泊、水库全年采样两次，枯、丰水期各 1 次。若设有专门监测站，全年采样不少于 12 次，每月采样 1 次。

（5）要了解 1 天或几天内水质变化，可以在 1 天（24 h）内按一定时间间隔或 3 天

(72 h) 内按一定时间间隔进行采样。

(6) 背景断面每年采样 1 次。

(7) 遇有特殊自然情况，或发生污染事故时，要随时增加采样频率。

六、采样方法和采样器

(一) 采样方法

1. 船只采样

船只采样适用于一般河流和水库。利用船只到指定地点，用采样器采集一定深度的水样。此法灵活，但采样地点不易固定，使所得资料可比性较差。

2. 桥梁采样

桥梁采样适用于频繁采样，并能横向、纵向准确控制采样点位置，尽量利用现有桥梁，勿影响交通。此法安全、可靠、方便，不受天气和洪水影响。

3. 涉水采样

涉水采样适用于较浅的小河和靠近岸边的水浅的采样点。采样时，避免搅动沉积物，采样者应站在下游，面向上游方向采集水样。

4. 索道采样

索道采样适用于地形复杂、险要，地处偏僻的小河流，可架索道，用采样器采集一定深度的水样。

(二) 采样器

1. 水桶、瓶子

水桶、瓶子适用于采集表层水样。一般用水样冲洗水桶、瓶子 2～3 次。将其沉至水面下 0.3～0.5 m 处采集水样，去除水面漂浮物。

2. 单层采水器

单层采水器适用于采集水流平缓的深层水样。单层采水器是一个装在金属框内用绳索吊起的玻璃瓶，框底有铅块，以增加质量，瓶口配塞，以绳索系牢，绳上标有高度，将采水瓶降落到预定的深度，然后将细绳上提，把瓶塞打开，水样便充满水瓶，如图 3-1-5 所示。

3. 急流采水器

急流采水器适用于采集水流急、流量较大的水样。采集水样时，打开铁框的铁栏，将样瓶用橡皮塞塞紧，再把铁栏扣紧，然后沿船身垂直方向伸入水深处，打开钢管上部橡皮管的夹子，水样便从橡皮塞的长玻璃管流入样瓶中，瓶内空气由短玻璃管沿橡皮管排出，如图 3-1-6 所示。

4. 双层采样器

双层采样器适用于采集测定溶解性气体的水样。将采样器沉入要求水深处后，打开上部的橡胶管夹，水样进入小瓶并将空气驱入大瓶，从连接大瓶短玻璃管排出，直到大瓶中充满水样，提出水面后迅速密封，如图 3-1-7 所示。

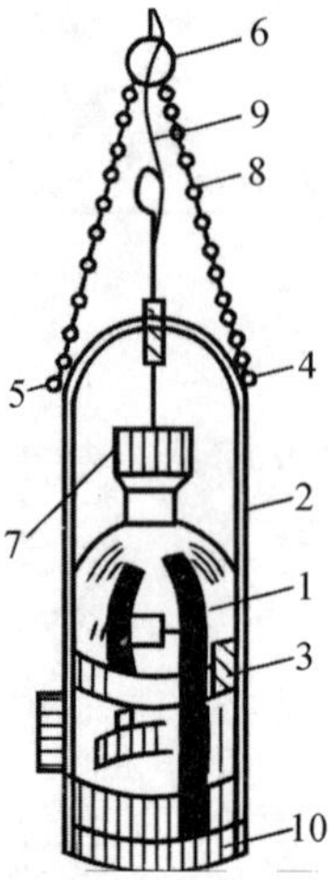

1—水样瓶　2，3—采水瓶架　4，5—平衡控制挂钩　6—固定采水瓶绳的挂钩　7—瓶塞　8—采水瓶绳　9—开瓶塞的软绳　10—铅锤

图 3-1-5　单层采水器

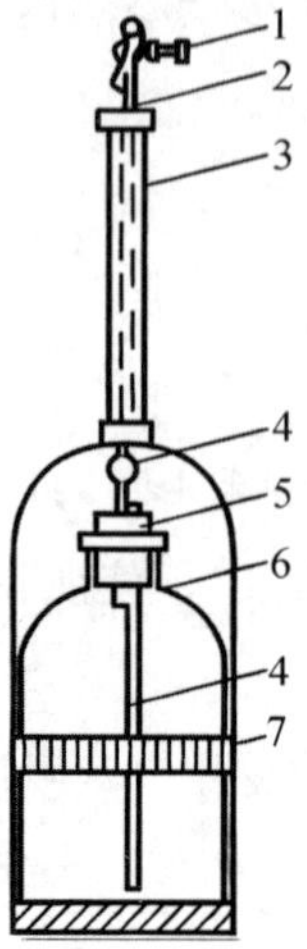

1—夹子　2—橡胶管　3—钢管　4—玻璃管　5—橡胶塞　6—玻璃取样瓶　7—铁框

图 3-1-6　急流采水器

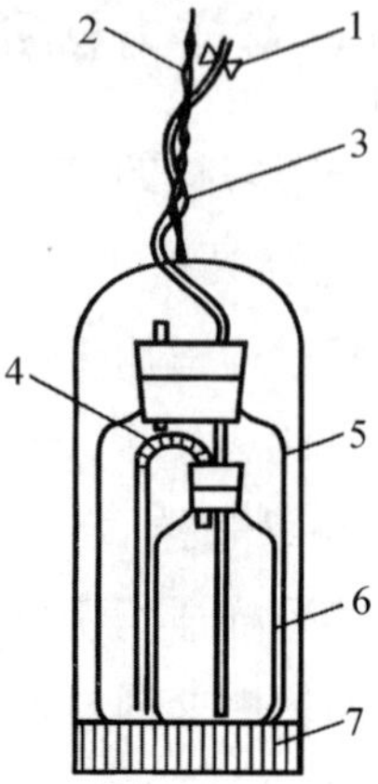

1—夹子　2—绳子　3—橡皮管　4—塑管　5—大瓶　6—小瓶　7—带重锤的夹子

图 3-1-7　双层采样器

5. 泵式采水装置

泵式采水装置属于机械式的装置。它由抽吸泵（常用的是真空泵）、采样瓶、安全瓶、采水管等部件构成。采水管的进水口固定在带有铅锤的链子或钢丝绳上，到达预定水层后，用泵抽吸水样。泵式采水装置可用于多种监测项目的样品采集，如图 3-1-8 所示。

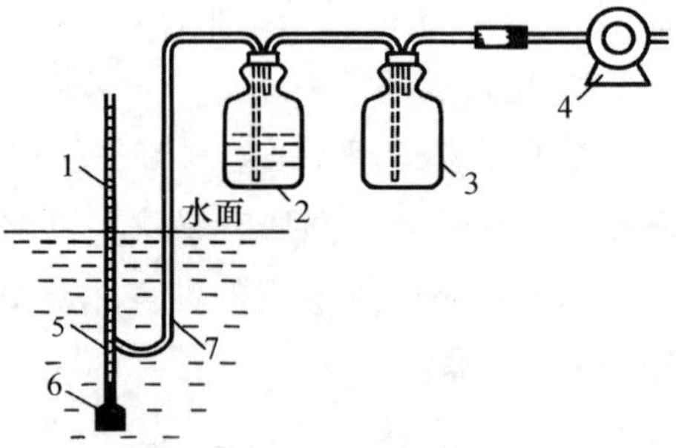

1—细绳　2—采样瓶　3—安全瓶　4—真空泵　5—进水口　6—重锤　7—聚氯乙烯软管

图 3-1-8　泵式采水装置

6. 固定式自动采水装置

这种采水装置是固定在采样点进行采水的自动装置。在一定位置上设置一个水泵，采水通过过滤后输入高位槽，过多的采水通过溢流排水管返回水体。高位槽内的试样水以一定时间间隔注入试样容器。为防止管路系统堵塞，应时常用自来水或超声波清洗器将其洗净。采水装置的整套动作都通过自动程序控制器予以控制，如图 3-1-9 所示。测定金属、油类、溶解氧、硫化物、pH、水生生物等项目的样品不宜用自动采水装置采样。

7. 比例组合式自动采水装置

该采水装置在固定采样点、不同时间内，按水的流量比例确定各份水样量，注入采样容器后，得到一份混合水样，如图 3-1-10 所示。

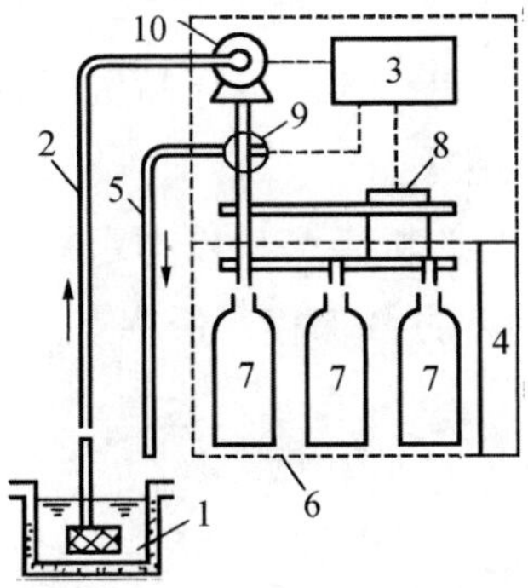

1—滤网　2—采水管　3—高位槽（自控单元）　4—冷却单元　5—溢流管　6—储样室　7—水样瓶　8—水流切换器　9—水流切换阀　10—采水泵

图 3-1-9　固定式自动采水装置

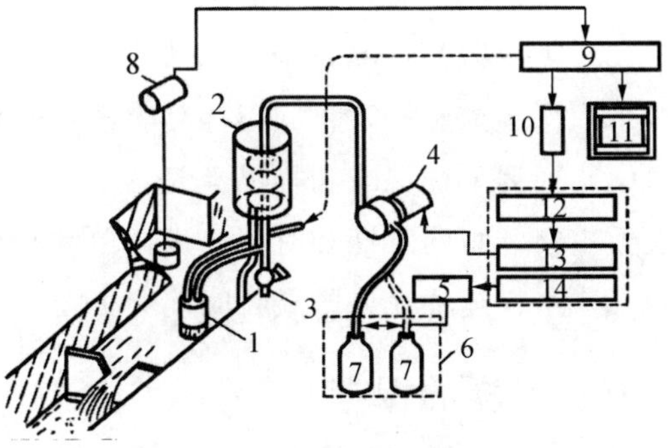

1—采水泵　2—溢流槽　3—排水管　4—管式泵　5—流量切换器　6—储样室　7—水样瓶　8—振荡选择器　9—分配器　10—脉冲交换器　11—记录仪　12—采水比设定器　13—马达驱动回路　14—记时器

图 3-1-10　比例组合式自动采水装置

8. 其他采水器

除以上采水器外，还有直立式采水器、塑料手摇泵采水器以及电动采水器、连续自动定时采水器等。

七、质量控制样品

（1）现场空白样　在采样现场，用纯水按样品采集步骤装瓶，与水样同样处理，以掌握采样过程中环境与操作条件对监测结果的影响。

（2）现场平行样　现场采集平行水样，用于反映采样与测定分析的精密度，采集时应注意控制采样操作条件一致。

（3）加标样　取一组平行水样，在其中一份中加入一定量的被测标准物溶液，该组水样均按规定方法处理。

八、水样的运输

水样采集后需根据采样点的地理位置和每个项目分析前最长可保存时间，选用适当的运输方式，如机动车运输、火车运输、飞机运输等。在现场工作开始之前，就要安排好水样的运输工作，以防延误。

采集的水样除供一部分项目在现场检测使用外，大部分水样要运到检测室进行检测。在水样运输过程中，为使水样不受污染、损坏和丢失，保证水样的完整性、代表性，应注意以下几点。

（1）用塞子塞紧采样容器，塑料容器塞紧内、外塞子，有时用封口胶、石蜡封口（测油类的水样除外）。

（2）采样容器装箱，用泡沫塑料或纸条做衬里和隔板，防止碰撞损坏。

（3）需冷藏的样品，应配备专门的隔热容器，放入制冷剂，将样品置于其中；冬季应采取保温措施，防止冻裂样品容器；避免日光直接照射。

（4）根据采样记录和样品登记表，运送人和接收人必须清点和检查水样，并在登记表上签字，写明日期和时间，送样单和采样记录应由双方各保存一份待查。

（5）水样运输允许的最长时间为 24 h。

九、水样的保存

各种水质的水样，从采集到检测这段时间内，水样组分常易发生变化，及时运输、尽快分析、采取必要的保护措施等是解决问题的关键。

（一）引起水样变化的因素

（1）物理因素　有挥发和吸附作用等，如水样中 CO_2 挥发可引起 pH、总硬度、酸（碱）度发生变化，水样中某些组分可被容器壁或悬浮颗粒物表面吸附而损失。

（2）化学因素　有化合、配合、水解、聚合、氧化还原等，这些作用将会导致水样组成发生变化。

（3）生物因素　细菌等微生物的新陈代谢活动使水样中有机物的浓度和溶解氧浓度降低。

（4）水与盛样容器之间的相互作用。

（二）水样的保存方法

针对上述水样发生变化的原因，保存水样有以下几种方法。

1. 冷藏

水样置冰箱或冰-水浴中于暗处保存，冷藏温度为 4 ℃左右。因不加化学试剂，对以后测定无影响。

2. 冷冻

把水样置于冰柜或制冷剂中储存，冷冻温度为－20 ℃左右。注意冷冻时水的膨胀作用。冷藏和冷冻抑制生物活动、减缓物理挥发和降低化学反应速率。

3. 化学方法

为防止样品中某些被测组分在保存、运输中发生分解、挥发、氧化还原等变化，常加入化学保护剂。

（1）加生物抑制剂　加入 $HgCl_2$、$CuSO_4$、$CHCl_3$ 等抑制微生物作用，加何种试剂视具体情况而定。如在测定氨氮、COD 的水样中加入 $HgCl_2$，可抑制生物的氧化还原作用；测定

酚的水样用 H_3PO_4，调至 pH 为 4 时，加入 $CuSO_4$，即可抑制苯酚菌的分解活动。

（2）加入酸或碱　加入强酸（如 HNO_3）或强碱（如 NaOH）改变水样的 pH，从而使待测组分处于稳定状态。例如，测定重金属时加 HNO_3 调至 pH 为 1～2，既可防止水解沉淀，又可避免被器壁吸附；测氰化物时则加 NaOH 调至 pH 为 12。

（3）加入氧化剂或还原剂　如测定汞的水样需加入 HNO_3（至 pH＜1）和 $K_2Cr_2O_7$，使汞保持高价态；测定硫化物的水样加入抗坏血酸，可以防止被测物被氧化。

应当注意的是，化学法加入的保存剂不能干扰以后的测定，保存剂最好是优级纯的，加入的方法要正确，避免污染，同时还应做空白实验，扣除保存剂空白，对测定结果进行校正。

十、布置任务

根据以上学习内容，设计一份河流水质监测方案，方案内容包括但不限于监测目的、监测时间与地点、监测项目、采样工具、采样人员、采样方法、样品运输与保存、分析测定方法等。方案制订完成后需由企业师傅进行考评，考评通过方可开始下一项任务的学习。河流水质监测方案样例、考核评价内容详见表 3-1-8、表 3-1-9。

表 3-1-8　河流水质监测方案

一、监测目的（目的应明确、清晰）
二、监测地点与时间（地点明确，时间具体）
三、监测项目（根据监测目的选取合适的监测项目）
四、采样工具（包括采样所需工具的名称、数量、规格等）
五、采样人员（包括采样人员姓名、职务或职称、工作单位、人员分工等）

续表 3-1-8

六、采样方法(清晰阐述具体的操作方法及过程)
七、样品运输与保存(明确样品的保存方法及运输工具)
八、分析测定方法(分别列出各项指标的分析测定方法)
九、采样频率(要求明确采样频率的大小)
十、采样安全与质控措施

注：可另附页。

表 3-1-9　考核评价表

学徒姓名		任务名称		考核时间	
师傅指导记录				评价成绩	
评价项目	内容		标准分值	评定分值	备注
学风	积极参与各项学习活动，态度端正，遵规守纪，刻苦钻研，善于沟通交流，任务完成度高		10		
方案内容完整性	内容充实，要素齐全，描述清晰准确，体现新技术、新标准、新要求，针对性强		40		
方案的可行性	符合相关环境标准和技术规范，符合各项环境要求，实用性强		35		
方案的经济合理性	费用-效益分析合理，技术路线清晰，技术装备齐全		15		

子任务二　地下水水质监测方案

地下水即储存在岩石空隙（孔隙、裂隙、溶隙）中和地表之下的水。本子任务主要依据《地下水环境监测技术规范》（HJ 164—2020）完成井水水质监测方案的制订。

地下水的采集应考虑以下几方面。

（1）地下水流动较慢，所以水质参数的变化慢，一旦污染很难恢复，甚至无法恢复。

（2）地下水埋藏深度不同，温度变化规律也不同。近地表的地下水的温度受气温的影响，具有周期性变化，较深的常温层中地下水温度比较稳定，水温变化不超过0.1 ℃，但水样一经取出，其温度即可能有较大的变化。这种变化能改变化学反应速率，从而改变原来的化学平衡，也能改变微生物的生长速度。

（3）地下水所受压力较大，面对的环境条件与地面水不同，一旦取出，可溶性气体的溶入和逃逸将带来一系列化学变化，改变水质状况。例如，地下水富含 H_2S 但溶解氧含量较低，取出后 H_2S 逃逸，大气中 O_2 溶入，会发生一系列的氧化还原变化；水样吸收或放出 CO_2 可引起 pH 变化。

（4）土壤和地下水可能受到严重的污染，以致影响采样工作人员的健康和安全。

（5）由于采水器的吸附或污染及某些组分的损失，水样的真实性将受到影响。

一、收集资料、调查研究

（1）收集、汇总监测区域的水文、地质、气象等方面的有关资料和以往的监测资料。例如，地质图剖面图、测绘图和水井的成套参数、含水层、地下水补给、径流和流向，以及温度、湿度、降水量等。

（2）调查监测区域内城市发展、工业分布、资源开发和土地利用情况，尤其是地下工程规模、应用等；了解化肥和农药的施用面积和施用量。

（3）测量或查知水位、水深，以确定采水器和泵的类型、所需费用和采样程序。

（4）在完成以上调查的基础上，确定主要污染源和污染物，并根据地区特点和地下水的主要类型把地下水分成若干个水文地质单元。

（5）调查污水灌溉、排污、纳污和地表水污染现状。

二、采样点的布设

地下水按理论条件分为潜水（浅层地下水）、承压水（深层地下水）和自流水。地下水监测以浅层地下水为主，利用各水文地质单元中原有的监测水井监测。利用机井可以对深层地下水的各层水质进行监测。

1. 地下水背景值采样点的布设

地下水背景值常作对照、比较之用，用一处不受或少受污染的地下水测得。采样点应设在污染区的外围，若要查明污染状况，可贯穿含水层的整个饱和层，在垂直于地下水流方向的上方设置。若是新开发区，应在引入污染源前设背景值监测井点。

2. 污染地下水采样点的布设

地下水污染可分为点状污染、条状污染、带状污染和块状污染，这些污染类型是由渗坑、渗井和堆渣区的污染物在含水层渗透性不同而产生的。例如，条带状污染的监测井的布设应沿地下水流向，用平行和垂直的监测断面控制；点状污染的监测井应在与污染源距离最近的地方布设；带状污染的监测井应用网状布点法设置垂直于河渠的监测断面；块状污染的监测井的布点应是平行和垂直于地下水流方向的；地下水位下降的漏斗区的监测井采取平行于环境变化最大的方向和平行于地下水流方向。

对供城市饮用的主要地下水、工业用水和农田灌溉用的地下水，均应适当布设监测井，对人为补给的回灌井，要在回灌前后分别采样监测水质的变化情况。一般监测井在液面下 0.3～0.5 m 处采样。若有同温层或多含水层分布，可按具体情况分层采样。

采样井的位置确定后，要进行分区、分类、分级，统一编号，利用天然标志或人工标志加以固定。

对于作为应用水源的地下水，现有水井常被作为日常监测水质的现成的采样点。当地下水受到污染，需要研究其受污情况时，则常需设置新的采样点。例如，在与河道相邻近地区新建了一个占地面积不甚大的垃圾堆场，为了监测垃圾中污染物随径流渗入地下并被地下水挟带转入河流的状况，应如图 3-1-11 所示设置地下水监测井。如果含水层渗透性较大，污染物会在此水区形成一个条状的污染带，则监测井位置应处在污染带内，并在邻近污染源一侧设点（*A*），在靠近河道一侧设点（*B*），而且监测井的进水位置应对准污染带所在位置。显然，在图 3-1-11 中 *C* 点或 *D* 点设井或设进水位置都是不适宜的。

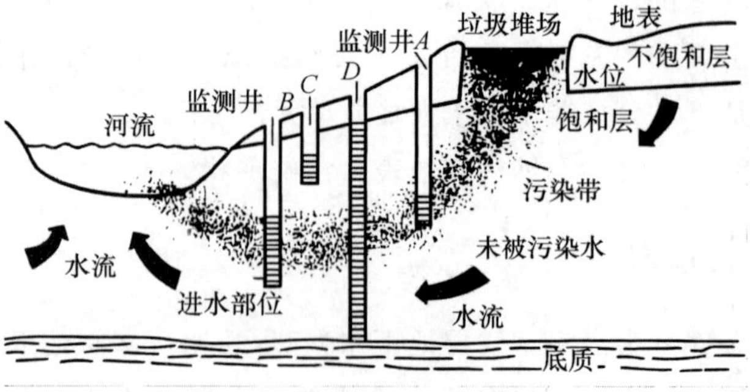

图 3-1-11　地下水监测井采样点

三、采样时间和采样频率

每年应在丰水期和枯水期分别采样，或按四季采样，有条件的监测站按月采样。每采一次样监测一次，10 天后可再采一次样进行监测。对有异常情况的井点，应适当增加采样监测次数，具体要求见表 3-1-10。

表 3-1-10　不同监测对象的地下水采样频率

监测对象	采样频率
地下水饮用水源取水井	常规指标采样宜不少于每月 1 次，非常规指标采样宜不少于每年 1 次。
地下水饮用水源保护区和补给区	采样宜不少于每年 2 次（枯、丰水期各 1 次）。
区域	区域采样频次参照 DZ/T 0308 的相关要求执行。
污染源	危险废物处置场采样频次参照 GB 18598 的相关要求执行。
	生活垃圾填埋场采样频次参照 GB 16889 的相关要求执行。
	一般工业固体废物贮存、处置场地下水采样频次参照 GB 18599 相关要求执行。
	其他污染源，对照监测点采样频次宜不少于每年 1 次，其他监测点采样频次宜不少于每年 2 次，发现有地下水污染现象时需增加采样频次。

四、采样方法和采样器

（一）采样方法

从监测井采集水样常利用抽水机设备。启动后，先放水数分钟，将积留在管道内的杂质及陈旧水排出，然后用采样容器接取水样。对于无抽水设备的水井，可选择适合的专用采水器采集水样；对于自喷泉水，可以在涌水口处直接采样；对于自来水，也要先将水龙头完全打开，放水数分钟，排出管道中积存的死水后再采样。

地下水的特点决定了地下水质比较稳定，一般采集瞬时水样，就能较好地代表地下水质状况。监测井采样不能像地表水采样那样可以在水系的任一点进行，因此，从监测井采得的水样只能代表一个含水层的水平向或垂直向的局部情况。

（二）采样器

常用地下水采样器具有气囊泵、小流量潜水泵、惯性泵、蠕动泵及贝勒管等，应当依据不同的监测目的、监测项目、实际井深和采样深度选取合适的采样器具，保证能取到有代表性地下水样品。地下水采样器具应能在监测井中准确定位，并能取到足够量的代表性水样。

1. 简易采水器

简易采水器由塑料水壶和钢丝架组成，如图 3-1-12 所示。将采水器放到预定深度，拉开塑料水壶（洗净晾干的）进水口的软塞，待水灌满后提出水面，即可采集到水样。

2. 改良的 Kemmerer 采水器

改良的 Kemmerer 采水器由带有软塞的滑动螺杆和水桶等部件组成，如图 3-1-13 所示。常用于采集地面水和地下水。

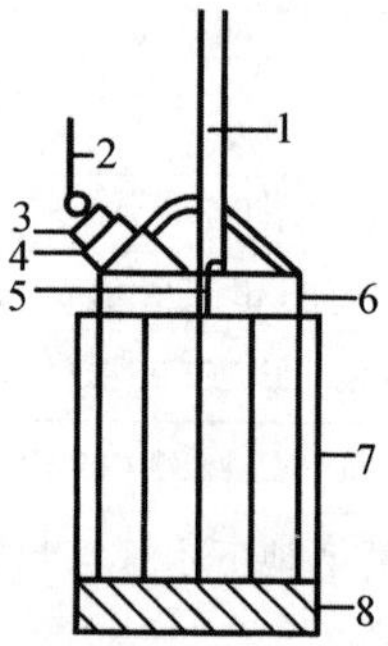

1—采水器软绳　2—壶塞软绳　3—软塞　4—进水口
5—固定挂钩　6—塑料水壶　7—钢丝架　8—重锤

图 3-1-12　简易采水器

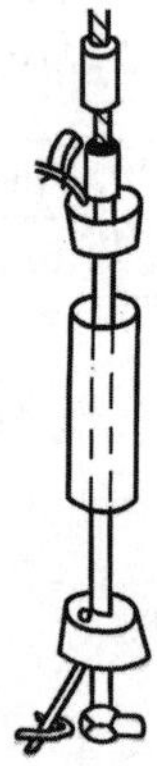

图 3-1-13　改良的 Kemmerer 采水器

3. 深层采水器

深层采水器如图 3-1-14 所示。采样时，将采水器下沉一定深度。扯动挂绳，打开瓶塞，待水灌满后，迅速提出水面，弃去上层水样，盖好瓶盖，并同步测定水深。

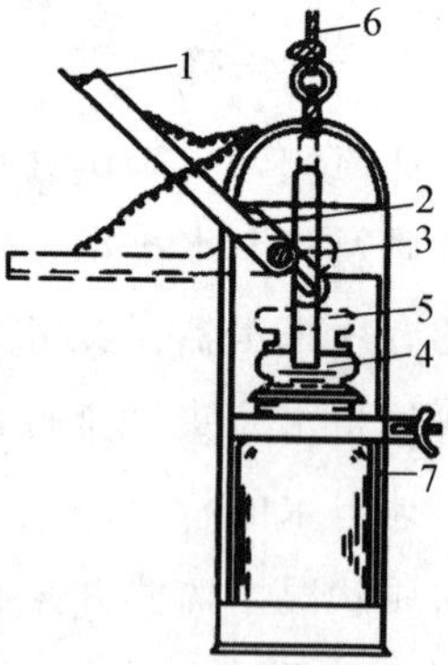

1—叶片　2—杠杆（关闭位置）　3—杠杆（开口位置）　4—玻璃塞（关闭位置）　5—玻璃塞（开口位置）　6—悬挂绳　7—金属架

图 3-1-14　深层采水器

五、采样质量控制

采样前，采样器具和样品容器应按不少于 3%的比例进行质量抽检，抽检合格后方可使用；保存剂应进行空白试验，其纯度和等级须达到分析的要求。

每批次水样，应选择部分监测项目根据分析方法的质控要求加采不少于 10%的现场平行样和全程序空白样，样品数量较少时，每批次水样至少加采 1 次现场平行样和全程序空白样，与样品一起送实验室分析。

当现场平行样测定结果差异较大，或全程序空白样测定结果大于方法检出限时，应仔细检查原因，以消除导致现场平行样差异较大、空白值偏高的因素，必要时重新采样。

六、样品保存与运输

（1）样品采集后应尽快运送实验室分析，并根据监测目的、监测项目和监测方法的要求，在样品中加入相应保存剂。

（2）样品运输过程中应避免日光照射，并置于4 ℃冷藏箱中保存，气温异常偏高或偏低时还应采取适当保温措施。

（3）水样装箱前应将水样容器内外盖盖紧，对装有水样的玻璃磨口瓶应用聚乙烯薄膜覆盖瓶口并用细绳将瓶塞与瓶颈系紧。

（4）同一采样点的样品瓶尽量装在同一箱内，按采样记录或样品交接单逐件核对，检查所采水样是否已全部装箱。

（5）装箱时应用泡沫塑料或波纹纸板垫底和间隔防震。

（6）运输时应有押运人员，防止样品损坏或受污染。

七、布置任务

根据以上学习内容，设计一份井水水质监测方案，方案内容包括但不仅限于监测目的、监测时间与地点、监测项目、采样工具、采样人员、采样方法、样品运输与保存、分析测定方法等。方案制订完成后需由企业师傅进行考评，考评通过方可开始下一项任务的学习。井水水质监测方案样例、考核评价内容详见表3-1-11、表3-1-12。

表3-1-11　井水水质监测方案

一、监测目的（目的应明确、清晰）
二、监测地点与时间（地点明确，时间具体）
三、监测项目（根据监测目的选取合适的监测项目）
四、采样工具（包括采样所需工具的名称、数量、规格等）

续表 3-1-11

五、采样人员(包括采样人员姓名、职务或职称、工作单位、人员分工等)
六、采样方法(清晰阐述具体的操作方法及过程)
七、样品运输与保存(明确样品的保存方法及运输工具)
八、分析测定方法(分别列出各项指标的分析测定方法)
九、采样频率(要求明确采样频率的大小)
十、采样安全与质控措施

注：可另附页。

表 3-1-12　考核评价表

学徒姓名		任务名称		考核时间	
师傅指导记录				评价成绩	
评价项目	内容	标准分值	评定分值	备注	
学风	积极参与各项学习活动,态度端正,遵规守纪,刻苦钻研,善于沟通交流,任务完成度高	10			
方案内容完整性	内容充实,要素齐全,描述清晰准确,体现新技术、新标准、新要求,针对性强	40			
方案的可行性	符合相关环境标准和技术规范,符合各项环境要求,实用性强	35			
方案的经济合理性	费用-效益分析合理,技术路线清晰,技术装备齐全	15			

子任务三　工业废水水质监测方案

工业废水即工业生产过程中产生的废水。本子任务主要是依据《污水监测技术规范》（HJ 91.1—2019）完成工业废水水质监测方案的制订。

一、收集资料、调查研究

(1) 工厂名称、地址、企业性质、生产规模等。

(2) 工艺流程和原理、工艺水平、能源类型、原材料类型、产品和产量。

(3) 供水类型、水源、供水量、水的重复利用率。

(4) 污水排放系统、排放规律；污染物种类、排放浓度、排放量。

(5) 生产布局、排污口数量和位置、排污去向、控制方法、污水处理情况。

二、采样点的布设

水污染源一般经管边或沟、渠排放，水的截面积较小，不需要设置监测断面，直接从确定的采样点采样。

1. 车间或车间设备出口处

测定一类污染物，包括汞、镉、砷、铅、六价铬、有机氯和强致癌物质等。

2. 工厂总排污口处

测定二类污染物，包括悬浮物、硫化物、挥发酚、氰化物、有机磷、油类、铜、锌、氟及其他的无机化合物、硝基苯类、苯胺类。

3. 污水处理设施出口处

为了解对污水的处理效果，可在进水口和出水口同时布点采样。

4. 排污渠道较直处

在排污渠道上，采样点应设在渠道较直、水量稳定、上游没有污水汇入处。

5. 城市综合排污口

在一个城市的主要排污口或总排污口处；在污水处理厂的污水进、出口处；在污水泵站的进水和安全溢流口处；在市政排污管线的入水处。

此外，监测污水处理设施的整体处理效率时，在各污水进入污水处理设施的进水口和污水处理设施的出水口设置监测点位；监测各污水处理单元的处理效率时，在各污水进入污水处理单元的进水口和污水处理单元的出水口设置监测点位。

三、采样时间和采样频率

工业废水的污染物含量和排放量常随工艺条件及开工率的不同有很大的差异，故采样时间、周期和频率的选择是一个比较复杂的问题。

（1）一般情况下，可在一个生产周期内每隔 0.5 h 或 1 h 采样 1 次，将其混合后测定污染物的平均值。

（2）如果取几个生产周期（如 3～5 个周期）的污水样进行监测，可每隔 2 h 取样 1 次。

（3）对于排污情况复杂、浓度变化大的污水，采样时间间隔要缩短，有时需要 5～10 min 采样 1 次，这种情况最好使用连续自动采样装置。

（4）对于水质和水量变化比较稳定或排放规律性较好的污水，待找出污染物浓度在生产周期内的变化规律后，采样频率可大大降低，如每月采样 2 次。

（5）城市排污管道大多数受纳 10 个以上工厂排放的污水，由于管道内污水已进行混合，故在管道出水口，可每隔 1 h 采样 1 次，连续采集 8 h；也可连续采集 24 h，然后将其混合制成混合样，测定各污染组分的平均浓度。

（6）如未明确采样频次的，按照生产周期确定采样频次。生产周期在 8 h 以内的，采样时间间隔应不小于 2 h；生产周期大于 8 h 的，采样时间间隔应不小于 4 h；每个生产周期内采样频次应不少于 3 次。如无明显生产周期，稳定、连续生产，采样时间间隔应不小于 4 h，每个生产日内采样频次应不少于 3 次。排污单位间歇排放或排放污水的流量、浓度、污染物种类有明显变化的，应在排放周期内增加采样频次。雨水排放口有明显水流动时，可采集一个或多个瞬时水样。

（7）为确认自行监测的采样频次，排污单位也可在正常生产条件下的一个生产周期内进行密集监测：周期在 8 h 以内的，每小时采 1 次样；周期大于 8 h 的，每 2 h 采样 1 次；但每个生产周期采样次数不少于 3 次；采样的同时测定流量。

四、采样方法和采样器

（一）采样方法

污水一般流量较小，且都有固定的排污口，所处位置也不复杂，因此所用采样方法和采样器也较简单。

1. 浅水采样

水面距地面很近时，可用容器直接灌注，或用聚乙烯塑料长把勺采样，注意手不要接触污水。

2. 深水采样

水面距地面较远时，可将聚乙烯塑料样品容器固定于负重架内，沉入一定深度的污水中采样，也可用塑料手摇泵或电动采水泵采样。

3. 自动采样

在企业内部监测中，利用自动采水器或连续自动定时采水器采样，有利于为生产部门提供生产情况信息，也为环保部门提供有价值的数据。

（二）采样器

采样器常使用聚乙烯塑料桶、金属（铜、铁等）桶、有机玻璃采水器、泵式采水器和自动采水器等。采样器具应有足够的强度，使用灵活、方便可靠，没有弯曲物干扰流速，尽可能地减少旋塞和阀的数量。样品容器应具备合适的机械强度、密封性好，用于微生物检验的样品容器应能耐受高温灭菌，并在灭菌温度下不释放或产生任何能抑制生物活动、导致生物死亡或促进生物生长的化学物质。

（三）废水样类型

1. 瞬时废水样

一些工厂生产工艺过程连续、恒定，废水中污染组分及浓度随时间变化不大，采集瞬时水样具有较好的代表性。瞬时水样也适用于某些特定要求，如某些平均浓度合格，而高峰排放浓度超标的污水，可隔一定的时间采集瞬时水样，分别测定，以所得资料绘制浓度-时间关系曲线，计算其平均浓度和高峰排放时的浓度。

2. 平均混合废水样

生产的周期性影响排污的规律性，使工业废水的排放量和污染组分的浓度随时间大幅度变化，只有增大采样和测定频率，才能使监测结果具有代表性，此时最好在不增加采样频次的基础上采集平均混合水样，即在废水流量比较稳定时，每隔相同时间采集等量废水样混合而成的水样；以及采集平均比例混合水样，即在废水流量不稳定时，在不同时间依据流量大小按比例采集污水样混合而成的水样。有时需要同时采集几个排污口的污水样，按比例混合，其检测结果代表采样时的综合排放浓度。

五、采样质量控制

（1）对不同的监测项目，按选用分析方法中的要求采集质量控制样品。

（2）采样前，保存剂应进行空白试验，其纯度和等级须达到分析的要求；采样器具和样品容器质量应进行抽检，抽检合格方可使用。

（3）按分析方法中的要求采集全程序空白样品，空白测定值应满足分析方法中的要求，一般应低于方法检出限。如分析方法中未明确，每批次水样均应采集全程序空白样品，与水样一起送实验室分析，以判断分析结果的准确性，掌握全过程操作步骤和环境条件对样品的影响。

（4）按分析方法中的要求采集现场平行样品。如分析方法中未明确，对均匀样品，凡能做平行双样（除现场监测项目、悬浮物、石油、动植物油类、微生物等）的监测项目也应采集现场平行样品，每批次水样应采集不少于10%的现场平行样品（自动采样除外），样品数量较少时，每批次水样至少做1份样品的现场平行样品。当现场平行样品测定结果差异较大时，应对水样进行复核，检查采样和分析过程对结果的影响。

六、样品保存与运输

（1）样品采集后应尽快送实验室分析，并根据监测项目所采用分析方法的要求确定样品的保存方法，确保样品在规定的保存期限内分析测试。

（2）根据采样点的地理位置和监测项目保存期限，选用适当的运输方式。样品运输前应将容器的外（内）盖盖紧。装箱时应用泡沫塑料等减震材料分隔固定，以防破损。除防震、避免日光照射和低温运输外，还应防止污染。

（3）同一采样点的样品应尽量装在同一样品箱内，运输前应核对现场采样记录上的所有样品是否齐全，应由专人负责样品运输。

七、布置任务

根据以上学习内容，设计一份工业废水水质监测方案，方案内容包括但不仅限于监测目的、监测地点与时间、监测项目、监测方法、采样工具、采样人员、样品运输与保存等。方案制订完成后需由企业师傅进行考评，考评通过方可开始下一项任务的学习。工业废水水质监测方案样例、考核评价内容详见表 3-1-13、表 3-1-14。

表 3-1-13　工业废水水质监测方案

一、监测目的（目的应明确、清晰）
二、监测地点与时间（地点明确，时间具体）
三、监测项目（根据监测目的选取合适的监测项目）
四、采样工具（包括采样所需工具的名称、数量、规格等）
五、采样人员（包括采样人员姓名、职务或职称、工作单位、人员分工等）

续表 3-1-13

六、采样方法（清晰阐述具体的操作方法及过程）
七、样品运输与保存（明确样品的保存方法及运输工具）
八、分析测定方法（分别列出各项指标的分析测定方法）
九、采样频率（要求明确采样频率的大小）
十、采样安全与质控措施

注：可另附页。

表 3-1-14　考核评价表

学徒姓名		任务名称		考核时间	
帅傅指导记录				评价成绩	
评价项目	内容	标准分值	评定分值	备注	
学风	积极参与各项学习活动，态度端正，遵规守纪，刻苦钻研，善于沟通交流，任务完成度高	10			
方案内容完整性	内容充实，要素齐全，描述清晰准确，体现新技术、新标准、新要求，针对性强	40			
方案的可行性	符合相关环境标准和技术规范，符合各项环境要求，实用性强	35			
方案的经济合理性	费用-效益分析合理，技术路线清晰，技术装备齐全	15			

任务二　采集与运输样品

【任务目标与质量要求】

1. 熟悉地表水、地下水和污水监测技术、采样技术等相关规范，培养实事求是、与时俱进、遵规守纪、科学严谨的职业品质。

2. 掌握采样方式、采样器的规范化使用、采样频率、样品运输要求，培养探索问题、发现和解决问题的思维，树立科学精神。

3. 能够按照技术规范完成各类样品的采集与现场监测任务，培养吃苦耐劳、互帮互助、求真务实的职业品质和团队合作精神。

4. 能够按要求完成水样的运输与交接任务，培养吃苦耐劳、认真负责的职业品质。

【学习产出目标】

1. 完成河流、井水、工业废水样品的采集与运输任务，并通过企业师傅的考核。

2. 规范、准确填写采样记录和样品交接记录。

【任务实施】

子任务一　地表水水样采集

本子任务是按照已制订的地表水监测方案在指定采样点完成地表水水样的采集。同时做好采样记录，并填写和粘贴水样标签。采样具体工作一般包括采样前的准备、样品采集、水样保存、采样结束前核查、现场监测项目测定、水样运输与交接等。

一、　采样前的准备

1. 确定采样负责人

采样负责人主要负责组织实施采样计划。

2. 采样器材与现场监测仪器的准备

采样器材包括采样器、静置容器、样品瓶、水样保存剂和其他所需辅助设备。采样器包括表层采样器、深层采样器、自动采样器、油类采样器及其他满足采样需求且不影响监测结果的采样器。现场监测仪器包括用于现场测定 pH、溶解氧、水温、电导率、透明度、浊度等项目的仪器设备。

二、　样品采集

（一）采样过程

采样时应保证采样点位置准确，必要时使用定位仪定位，并拍摄水体现场情况，做好记录。不能抵达指定采样位置时，应记录现场情况和调整后的实际采样位置。

（二）采样方式和技术要求

各种采样方式和技术要求如下：

（1）船只采样　按采样时间及风浪等级选择适当吨位的船只；采样船应位于采样点下游，逆流采集水样，避免搅动底部沉积物造成水样污染。采样人员应在船只前部采集水样，尽量使采样器远离船体。若船上不具备静置条件，返回岸上后应立即静置。

（2）桥上采样　采样人员应能准确控制采样点位置，且能满足现场监测项目测定要求。

（3）涉水采样　较浅的河流或靠近岸边水浅的采样点可涉水采样；采样人员应站在采样点下游，逆流采集水样，避免搅动底部沉积物导致水样污染。

（4）其他采样方式　可使用无人机、无人船或在闸坝等水利设施上采集水样，但要保证采样点的准确性。

（5）一般情况下，不允许采集岸边水样，确因特殊情况需要在岸边采集水样时，应记录现场情况。

（6）在监测断面目视范围内无水或仅有不连贯的积水时，可不采集水样，应记录现场情况。

（7）结冰期、封冻期、解冻期采样时，应在确保安全的条件下，于河流主流上选择破冰点，破冰后水流有明显上涌，则可采集水样。

（8）尽量选择在连续两天无降雨之后采样。若计划采样期间遇连续降雨，在确保安全的条件下，原则上避开明显有雨水汇入的区域，在水质充分混匀的区域或者汇入点上游区域采集水样，应记录现场情况。

（9）潮汐河流或受盐度影响的地表水，若中下层水样的盐度大于0.2%，可只采集表层水样，但应记录中下层水样的盐度值。

（10）河流汇入河（湖）的河口断面出现倒流现象时，应采集水样并记录流向。

（三）采样量

采样量详见表3-1-7，最少采样量应符合标准分析方法或HJ 493的规定。

（四）采样方法

1. 一般样品

一般样品的采样按照以下要求执行：

（1）在同一监测断面分层采样时，应自上而下进行，避免不同层次水体互相干扰。

（2）除标准分析方法有特殊要求的监测项目外，采样器、静置容器和样品瓶在使用前应先用水样分别荡洗2～3次。

（3）采样时不可搅动水底的沉积物。除标准分析方法有特殊要求的监测项目外，采集的水样倒入静置容器中，保证足够用量，自然静置30 min。自然静置时，使用防尘盖遮挡，避免灰尘污染。

（4）使用虹吸装置取上层不含沉降性固体的水样，移入样品瓶，虹吸装置进水尖嘴应保持插至水样表层 50 mm 以下位置。

2. 特殊样品

特殊样品的采集按照以下要求执行：

（1）石油类样品或测定五日生化需氧量、溶解氧、硫化物、悬浮物、大肠菌群、叶绿素 a 等或标准分析方法有特殊要求的项目要单独采样。

（2）采集石油类样品，采样前应先破坏可能存在的油膜，使用专用的石油类采样器，在水面下至 30 cm 水深采集柱状水样。保证水样采集在水面下进行，不得采入水面可能存在的油膜或水底的沉积物。采样量应满足标准分析方法的要求，且样品瓶不能用采集的水样荡洗。

（3）采集溶解氧、五日生化需氧量、硫化物和有机物等项目水样时，水样应注满样品瓶，液面之上不留空间，使用标准分析方法规定的专用保存容器。

（4）采集的水样含有明显藻类时，可将水样全部通过孔径为 63 μm 的过滤筛后，倒入静置容器中，保证足够需用量后，自然静置 30 min，使用虹吸管取上层水样，移入样品瓶，立即加入保存剂。

（5）采集溶解态金属水样时，现场使用孔径为 0.45 μm 的滤膜过滤后，分装入样品瓶，立即加入保存剂。

（6）采集总磷水样时，自然静置 30 min 后仍存在大量可沉降性固体的水样，应在现场重新采集水样，根据原水浊度测定结果选择延长静置时间或离心的方式进行处理。

（五）水样保存

采集的水样按监测项目标准分析方法规定添加适量保存剂（表 3-1-5），标准分析方法中没有规定的，按 HJ 493 的规定执行。添加保存剂的过程中，所用器具不可混用，避免交叉污染。

（六）采样结束前核查

采样结束前，应核对采样计划、记录与水样，如有错误或遗漏，应立即重新采样或补采。

（七）现场监测项目

可现场测定的项目（pH、溶解氧、水温、电导率、透明度、浊度等）优先选用现场测定方法，并尽量原位监测。

三、 采样记录与水样标签

（一）采样记录

采样过程中应及时填写好采样记录表。书写时用硬制铅笔和不溶性墨水，字迹工整，忌涂改。现场测试项目的样品应记下平行样的份数和体积，同时记录现场空白样和现场加标样的处置情况。地表水采样记录见表 3-1-15。

表 3-1-15　地表水采样记录

<table>
<tr><td colspan="2" rowspan="2">水体名称</td><td rowspan="2"></td><td rowspan="2">断面名称</td><td rowspan="2"></td><td>经度</td><td colspan="3">度　分　秒</td><td colspan="2" rowspan="2">断面周边环境描述</td><td colspan="2" rowspan="2"></td></tr>
<tr><td>纬度</td><td colspan="3">度　分　秒</td></tr>
<tr><td colspan="2" rowspan="2">采样日期</td><td rowspan="2"></td><td rowspan="2">天气状况</td><td rowspan="2"></td><td>水面宽度/m</td><td colspan="3">约</td><td colspan="2" rowspan="2">断面水质表现</td><td colspan="2" rowspan="2"></td></tr>
<tr><td>深度/m</td><td colspan="3">约</td></tr>
<tr><td colspan="2">采样位置</td><td rowspan="2">采样时间</td><td rowspan="2">样品编号</td><td rowspan="2">监测项目</td><td colspan="3">样品储存容器</td><td rowspan="2">采样体积/mL</td><td rowspan="2">前处理方式</td><td rowspan="2">样品状态感官描述</td><td rowspan="2">保存剂名称（填序号）</td><td rowspan="2">保存方式（填序号）</td></tr>
<tr><td>垂线</td><td>深度/m</td><td>材质</td><td>颜色</td><td>容量/mL</td></tr>
<tr><td></td><td></td><td>时　分</td><td></td><td></td><td></td><td></td><td></td><td></td><td></td><td></td><td></td><td></td></tr>
<tr><td></td><td></td><td>时　分</td><td></td><td></td><td></td><td></td><td></td><td></td><td></td><td></td><td></td><td></td></tr>
<tr><td></td><td></td><td>时　分</td><td></td><td></td><td></td><td></td><td></td><td></td><td></td><td></td><td></td><td></td></tr>
<tr><td></td><td></td><td>时　分</td><td></td><td></td><td></td><td></td><td></td><td></td><td></td><td></td><td></td><td></td></tr>
<tr><td></td><td></td><td>时　分</td><td></td><td></td><td></td><td></td><td></td><td></td><td></td><td></td><td></td><td></td></tr>
</table>

注：1. 断面周边环境：有无排污口、是否死水区/回水区、有元居民区/工业区/农业区等。
2. 天气状况：晴、雨、雪等。
3. 断面水质表观：水体颜色、气味（嗅）、有无悬浮物或泥沙、水面有无油膜、水体有无藻类等。
4. 前处理方式：①静置 30 min；②静置 60 min；③2 000 r/min，离心 1 min；④2 000 r/min，离心 2 min；⑤63 μm 筛网过滤；⑥0.45 μm 滤膜过滤。
5. 样品状态感官描述包括：样品颜色、有无沉淀等。
6. 保存剂名称：①浓硫酸；②浓硝酸；③浓盐酸；④乙酸锌-乙酸钠溶液＋NaOH（40 g/L）；⑤NaOH（4 g/L）；⑥浓磷酸＋固体硫酸铜；⑦1%碳酸镁悬浊液；⑧固体氢氧化钠；⑨其他保存剂直接注明。
7. 保存方式：①冷藏；②避光；③标签完好，采取有效减震措施；④其他保存方式直接注明。

采样人：　　　　　　复核人：　　　　　　审核人：

年　月　日　　　　　年　月　日　　　　　年　月　日

对需要现场监测的项目，如 pH、电导率、温度、流量等应按表 3-1-16 进行记录，并妥善保管现场记录。

表 3-1-16　采样现场数据记录

项目名称：										
样品描述：										
采样地点	样品编号	采样日期	时间		pH	温度/℃	其他参量			备注
			采样开始	采样结束						
			时　分	时　分						
			时　分	时　分						
			时　分	时　分						
			时　分	时　分						
			时　分	时　分						

采样人：　　　　交接人：　　　　复核人：　　　　审核人：

年　月　日　　　年　月　日　　　年　月　日　　　年　月　日

（二）水样标签

水样采集后，往往根据不同的分析要求，分装成数份，并分别在现场加入保存剂，对每一份样品都应附一张完整的水样标签。水样标签应事先设计打印，内容一般包括：采样目的、项目唯一性编号、监测点数目和位置、采样时间、采样日期、采样人员、保存剂的加入量等。标签应用不褪色的墨水填写，并牢固地粘贴于盛装水样的容器外壁上。对于未知的特殊水样以及有危险或潜在危险物质（如酸），应采用特殊记号标出，并对现场水样情况做详细描述。地表水水样标签如图 3-1-15 所示。

地表水水样标签

采样目的：________________________________

样品编号：______________样品名称：______________

监测点数目与位置：__________________________

采样日期：________采样人员：________采样时间：________

监测项目：________________________________

添加保存剂种类和数量：______________________

图 3-1-15　地表水水样标签示例

四、水样运输与交接

(1) 水样运输前，应将样品瓶的外（内）盖盖紧，需要冷藏保存的样品应按照标准分析方法要求保存，并在运输过程中确保冷藏效果。

(2) 装箱时应用减震材料分隔固定，以防破损。

(3) 水样采集后宜尽快送往实验室。根据采样点的地理位置和各监测项目标准分析方法允许的保存时间，规划采样、送样时间，选用适当的运输方式，以防延误。

(4) 样品运输过程中应采取措施避免污染、损失和丢失。

(5) 水样交付实验室时，应清点样品，核查样品的有效性并填写交接记录表（表3-1-17）。

(6) 采样记录、样品标签及其包装应完整。若发现样品异常或处于损坏状态，应如实记录，并尽快采取相关处理措施，必要时重新采样。

表 3-1-17　样品交接记录

项目名称			交接时间	年　月　日　时　分		
样品编号	测定项目	样品容量/mL	保存方式	存放地点	交样人员	接样人员

五、采样安全事项

为了保证采样人员安全，现场应根据采样方式和气象条件，考虑使用救生衣和救生绳；乘船只采样，应选用坚固的船只，在航道上采样时，应悬挂信号旗；桥上采样时，应放置安全警示牌；涉水采样时，应注意河流水位变化；结冰期、封冻期、解冻期采样时，应检查冰层的位置和范围。

六、布置任务

根据以上学习内容，完成地表水水样的采集任务，并及时填写采样记录表、采样现场数据记录表、样品交接记录表，任务完成后需由企业师傅进行考评，考评通过方可开始下一项任务的学习。考核评价内容详见表3-1-18。

表 3-1-18　考核评价表

学徒姓名		任务名称		考核时间	
师傅指导记录				评价成绩	
评价项目	内容	标准分值	评定分值	备注	
学风	积极参与各项学习活动，态度端正，遵规守纪，刻苦钻研，善于沟通交流，任务完成度高	10			
采样前的准备	采样工具准备齐全、采样容器规范且干净、仪器设备完好	10			
采集样品	操作方法符合采样技术规范，采样位置准确，样品保存方法正确，现场测定项目结果准确，水样标签填写、粘贴恰当	40			
采样记录	规范填写采样记录表、采样现场数据记录表，无涂改与损坏	25			
样品运输与交接	运输工具选择合理，样品运送及时，样品交接记录表填写规范，样品无丢失、损坏或过期	15			

子任务二　地下水水样采集

本子任务是按照已制订的地下水监测方案在指定采样点完成地下水水样的采集。同时做好采样记录，并填写、粘贴水样标签。采样具体工作一般包括采样前的准备，样品采集，现场监测项目测定，样品保存、运输、交接与贮存等。

一、采样前的准备

1. 确定采样负责人

采样负责人主要负责组织实施采样计划。

2. 采样器与现场测定仪器的准备

常用采样器有气囊泵、小流量潜水泵、惯性泵、蠕动泵及贝勒管等，应当依据不同的监测目的、监测项目、实际井深和采样深度选取合适的采样器，保证能取到有代表性的地下水样品。常用的采样器及其适用监测项目见表 3-1-19。现场测定仪器包括用于现场测定水位、水温、pH、电导率、浑浊度、溶解氧、氧化还原电位、色、嗅和味等项目的仪器设备，应在实验室内准备好所需的仪器设备，并进行检查和校准，确保性能正常，符合使用要求。

表 3-1-19　常见的采样器及所适用的监测项目

	敞口定深取样器	闭合定深取样器	惯性泵	气囊泵	气提泵	潜水泵	自吸泵
电导率	√	√	√	√	√	√	√
pH	—	√	√	√	—	√	√
碱度	√	√	√	√	—	√	√
氧化还原电位	—	√	—	√	—	√	—
金属	√	√	√	√	√	√	√
硝酸盐等阴离子	√	√	√	√	√	√	√
非挥发性有机物	√	√	√	√	√	√	√
挥发性有机物和半挥发性有机物	—	√	—	√	—	√	—
总有机碳	√	√	—	√	—	√	—
总有机卤化物	—	√	—	√	—	√	—
微生物指标	√	√	√	√	—	√	√

二、样品采集

（一）采样过程

1. 基本流程

地下水样品采集的基本流程见图 3-1-16。

2. 地下水水位、井水深度测量

地下水水质监测通常在采样前应先测地下水水位（埋深水位）和井水深度，井水深度为井底至井口深度减去水面至井口深度，具体测量方法和要求如下：

（1）地下水水位测量主要测量静水位埋藏深度和高程，高程测量参照《水文测量规范》（SL 58—2014）相关要求执行。

（2）手工法测水位时，用布卷尺、钢卷尺、测绳等测具测量井口固定点至地下水水面垂直距离，当连续两次静水位测量数值之差在±1 cm/10 m 以内

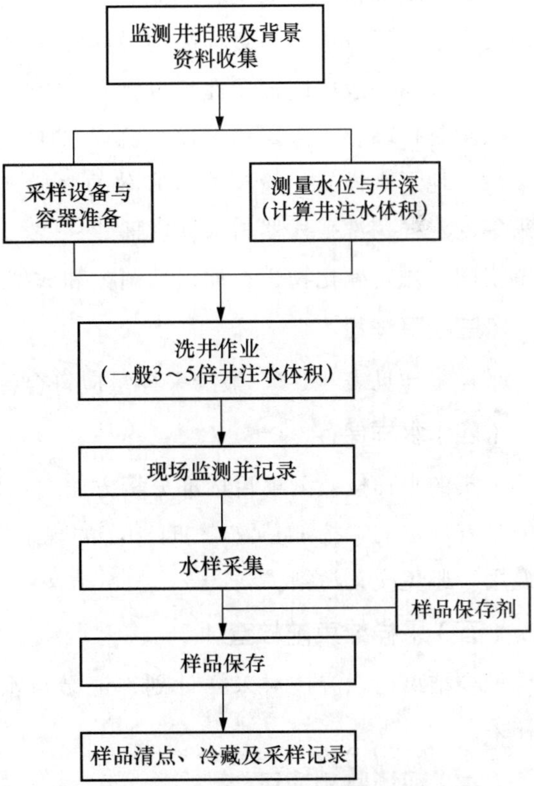

图 3-1-16　地下水采样基本流程

时，测量合格，否则需要重新测量。

（3）有条件的地区，可采用自记水位仪、电测水位仪或地下水多参数自动监测仪进行水位测量。

（4）水位测量结果以米为单位，记至小数点后两位。

（5）每次测量水位时，应记录监测井是否曾抽过水，以及是否受到附近井抽水的影响。

3. 洗井

采样前需先洗井，洗井应满足下述要求：在现场使用便携式水质测定仪对出水进行测定，当浊度小于或等于 10 NTU 时或者当浊度连续 3 次测定的变化在±10％以内、电导率连续三次测定的变化在±10％以内、pH 连续 3 次测定的变化在±0.1 以内，或洗井抽出水量为井内水体积的 3～5 倍时，可结束洗井。

（二）采样方法和技术要求

已有管路监测井采样法适用于地面已连接了提水管路的监测井的采样，普通监测井采样法适用于常规监测井的采样，深层/大口径监测微洗井法适用于深层地下水的采样。若无同类型仪器设备，可采用经国家或国际标准认定的等效仪器设备。在采样过程中可根据实际情况选取推荐的采样方法，也可以根据实地情况采用其他能满足质量控制要求的采样方法。一般样品的采样方法按照以下要求执行：

（1）样品一般按照挥发性有机物（VOCs）、半挥发性有机物（SVOCs）、稳定有机物及微生物样品、重金属和普通无机物水样的顺序采集。

（2）地下水样品一般要采集清澈的水样。采样时，除有特殊要求的项目外，要先用采集的水样荡洗采样器与水样容器 2～3 次。采集 VOCs 水样时必须注满容器，上部不留空间。测定硫化物、石油、细菌类和放射性等项目的水样应分别单独采样。

（三）采样量

采样量详见表 3-1-7，最少采样量应符合标准分析方法或 HJ 493 的规定。

（四）水样保存

采集的水样按监测项目标准分析方法规定添加适量保存剂（表 3-1-5），标准分析方法中没有规定的，按 HJ 493、HJ 164 的规定执行。添加保存剂的过程中，所用器具不可混用，避免交叉污染。

（五）采样结束前核查

采样结束前，应核对采样计划、记录与水样，如有错误或遗漏，应立即重新采样或补采。

（六）现场监测项目

现场测定的项目包括水位、水温、pH、电导率、浑浊度、氧化还原电位、色、嗅和味、肉眼可见物等指标，同时还应测定气温、描述天气状况和收集近期降水情况，在采样现场利用现场监测仪器完成测定即可。

三、采样记录与水样标签

（一）采样记录

采样过程中应及时填写好采样记录表，地下水采样记录包括采样现场描述和现场测定项目记录两部分。书写时用硬制铅笔和不溶性墨水，字迹工整，忌涂改。现场测试项目的样品应记下平行样的份数和体积，同时记录现场空白样和现场加标样的处置情况。地下水采样记录见表 3-1-20。

（二）水样标签

水样采集后，应及时填写标签，并牢固地粘贴于盛装水样的容器外壁上，具体要求同任务二子任务一。对于未知的特殊水样以及有危险或潜在危险物质（如酸）的水样，应采用特殊记号标出，并对现场水样情况做详细描述。地下水水样标签如图 3-1-17 所示。

地下水水样标签

采样目的：____________________

样品编号：__________样品名称：__________

监测井编号：____________________

采样日期：______采样人员：______采样时间：______

监测项目：____________________

添加保存剂种类和数量：____________________

图 3-1-17 地下水水样标签示例

四、水样运输与交接

（1）样品运输过程中应避免日光照射，并置于 4 ℃冷藏箱中保存，气温异常偏高或偏低时还应采取适当保温措施。

（2）水样装箱前应将水样容器内外盖盖紧，对装有水样的玻璃磨口瓶应用聚乙烯薄膜覆盖瓶口并用细绳将瓶塞与瓶颈系紧。

（3）同一采样点的样品瓶尽量装在同一箱内，与采样记录或样品交接单逐件核对，检查所采水样是否已全部装箱。

（4）装箱时应用泡沫塑料或波纹纸板垫底和间隔防震。

（5）运输时应有押运人员，防止样品损坏或受污染。

表 3-1-20　地下水采样记录

监测井编号	经纬度	采样日期	采样时间	采样方法	采样深度/m	气温/℃	天气状况	现场监测记录							样品性状	
								水位/m	水温/℃	氧化还原电位/mV	溶解氧/(mg/L)	pH	电导率/(μS/m)	嗅和味	肉眼可见物	颜色(描述)
固定剂加入情况								备注								

采样人员：　　　　　　　　　　　　记录人员：

（6）样品送达实验室后，由样品管理员接收。样品管理员对样品进行符合性检查，包括：样品包装、标识及外观是否完好；对照采样记录单检查样品名称、采样地点、样品数量、形态等是否一致；核对保存剂加入情况；样品是否冷藏，冷藏温度是否满足要求；样品是否有损坏或污染。

（7）当样品有异常，或对样品是否适合测试有疑问时，样品管理员应及时向送样人员或采样人员询问，样品管理员应记录有关说明及处理意见，当明确样品有损坏或污染时须重新采样。

（8）样品管理员确定样品符合交接条件后，填写样品交接记录表（表 3-1-21），并由双方签字。

表 3-1-21　样品交接记录

送样日期	送样时间	监测点（井）名称	样品编号	监测项目	样品数量	样品性状	采样日期	采样人员	监测后样品处理情况

监测站名：____________

送样人：____________　　　　接样人：____________

五、布置任务

根据以上内容的学习，完成井水水样的采集任务，并及时填写采样记录表、样品交接记录表，任务完成后需由企业师傅进行考评，考评通过方可开始下一项任务的学习。考核评价内容详见表 3-1-22。

表 3-1-22　考核评价表

<table>
<tr><td>学徒姓名</td><td></td><td>任务名称</td><td></td><td>考核时间</td><td></td></tr>
<tr><td>师傅指导记录</td><td colspan="3"></td><td>评价成绩</td><td></td></tr>
<tr><td>评价项目</td><td colspan="2">内容</td><td>标准分值</td><td>评定分值</td><td>备注</td></tr>
<tr><td>学风</td><td colspan="2">积极参与各项学习活动，态度端正，遵规守纪，刻苦钻研，善于沟通交流，任务完成度高</td><td>10</td><td></td><td></td></tr>
<tr><td>采样前的准备</td><td colspan="2">采样工具准备齐全、采样容器规范且干净、仪器设备完好</td><td>10</td><td></td><td></td></tr>
<tr><td>采集样品</td><td colspan="2">操作方法符合采样技术规范，采样位置准确，样品保存方法正确，现场测定项目结果准确，水样标签填写、粘贴恰当</td><td>40</td><td></td><td></td></tr>
<tr><td>采样记录</td><td colspan="2">规范填写采样记录表、采样现场数据记录表，无涂改与损坏</td><td>25</td><td></td><td></td></tr>
<tr><td>样品运输与交接</td><td colspan="2">运输工具选择合理，样品运送及时，样品交接记录表填写规范，样品无丢失、损坏或过期</td><td>15</td><td></td><td></td></tr>
</table>

子任务三　工业废水水样采集

本子任务是按照已制订的工业废水监测方案在设定的采样点完成废水水样的采集。同时做好采样记录，并填写、粘贴水样标签。采样具体工作一般包括采样前的准备、样品采集、现场监测项目测定、样品保存与运输、交接与贮存等。

一、采样前的准备

1. 确定采样负责人

采样负责人主要负责组织实施采样计划。

2. 采样器材与现场监测调查

采样器材主要是采样器具、样品容器、水样保存剂和其他所需辅助设备。污水监测应配置专用采样器材，不能与地表水、地下水等环境样品的采样器材混用。现场监测期间，监测人员应对排污单位进行现场监测调查，做好相应的记录，由排污单位人员确认。现场监测调查内容包括：排污单位和监测点位的基本信息、监测期间是否正常生产及生产负荷、污水处理工艺、污水处理设施运行是否正常及运行负荷、污水排放去向及排放规律等。

二、样品采集

（一）采样方式和技术要求

1. 瞬时采样

下列情况适用瞬时采样。

（1）所测污染物性质不稳定，易受到混合过程的影响；

（2）不能连续排放的污水，如间歇排放；

（3）需要考察可能存在的污染物或特定时间的污染物浓度；

（4）需要得到污染物最高值、最低值或变化情况的数据；

（5）需要得到短期（一般不超过 15 min）的数据以确定水质的变化规律；

（6）需要确定水体空间污染物变化特征，如污染物在水流的不同断面和（或）深度的变化情况；

（7）污染物排放（控制）标准等相关环境管理工作中规定可采集瞬时水样的情况。

当排污单位的生产工艺过程连续且稳定，有污水处理设施并正常运行，其污水能稳定排放的（浓度变化不超过 10%），瞬时水样具有较好的代表性，可用瞬时水样的浓度代表采样时间段内的采样浓度。

2. 混合采样

下列情况适用混合采样。

（1）计算一定时间的平均污染物浓度；

（2）计算单位时间的污染物质量负荷；

（3）污水特征变化大；

（4）污染物排放（控制）标准等相关环境管理工作中规定可采集混合水样的情况。

混合采样包括等时混合水样和等比例混合水样两种。当污水流量变化小于平均流量的 20%，污染物浓度基本稳定时，可采集等时混合水样。当污水的流量、浓度甚至组分都有明显变化，可采集等比例混合水样。等比例混合水样一般采用与流量计相连的水质自动采样器采集，分为连续比例混合水样和间隔比例混合水样两种。连续比例混合水样是在选定采样时段内，根据污水排放流量，按一定比例连续采集的混合水样。间隔比例混合水样是根据一定的排放量间隔，分别采集与排放量有一定比例关系的水样混合而成。

（二）采样量

采样量详见表 3-1-7，最少采样量应符合标准分析方法或 HJ 493 的规定。

（三）采样位置与采样频次

（1）采样位置应在污水混合均匀的位置。

（2）排污单位的排污许可证、相关污染物排放（控制）标准、环境影响评价文件及其审批意见、其他相关环境管理规定等对采样频次有规定的，按规定执行。

（3）采样频次的其他要求参照任务一子任务三中的相关规定。

（四）采样方法

（1）到达监测点位，采样前先将采样容器及相关工具排放整齐。

（2）对照监测方案采集样品。采样时应去除水面的杂物、垃圾等漂浮物，不可搅动水底部的沉积物。

（3）采样前先用水样荡洗采样容器和样品容器 2～3 次。

（五）水样保存

采集的水样按监测项目标准分析方法规定添加适量保存剂（表 3-1-5），标准分析方法中没有规定的，按 HJ 493 规定执行。添加保存剂的过程中，所用器具不可混用，避免交叉污染。

（六）采样结束前核查

采样结束后，核对监测方案、现场记录与实际样品数，如有错误或遗漏，应立即补采或重采。如采样现场未按监测方案采集到样品，应详细记录实际情况。

（七）现场监测项目

水温、pH 等能在现场测定的监测项目或分析方法中要求须在现场完成测定的监测项目，应在现场测定。

三、采样记录与水样标签

（一）采样记录

采样过程中应及时填写好采样记录表。书写时用硬制铅笔和不溶性墨水，字迹工整，忌涂改。采样现场记录应包含：监测目的、排污单位名称、气象条件、采样日期、采样时间、现场测试仪器型号与编号、采样点位、生产工况、污水处理设施处理工艺、污水处理设施运行情况、污水排放量/流量、现场测试项目和监测方法、水样感官指标的描述、采样项目、采样方式、样品编号、保存方法、采样人、复核人、排污单位人员及其他需要说明的有关事项等，工业废水采样记录见表 3-1-23。

（二）水样标签

水样采集后，应及时填写标签，并牢固地粘贴于盛装水样的容器外壁上，具体要求同任务二子任务一。工业废水水样标签如图 3-1-18 所示。

表 3-1-23 工业废水采样记录

监测目的							排污单位名称			样品性状描述			
采样点位	采样方式	采样日期	采样时间	样品编号	气温/℃	天气状况	现场监测仪器型号与编号	生产工况	污水处理设施处理工艺	污水处理设施运行情况	污水排放量（流量）	现场监测项目	监测方法
固定剂加入情况							备注						

采样人员： 记录人员： 复核人： 排污单位人员：

工业废水水样标签

采样目的：________________________________

样品编号：______________ 样品名称：______________

采样点位：________________________________

采样日期：__________ 采样人员：__________ 采样时间：__________

监测项目：________________________________

添加保存剂种类和数量：________________________

图 3-1-18 工业废水水样标签示例

四、水样运输与交接

（1）根据采样点的地理位置和监测项目相应的保存期限，选用适当的运输方式。

（2）样品运输前应将容器的外（内）盖盖紧。装箱时应用泡沫塑料等减震材料分隔固定，以防破损。除防震、避免日光照射和低温运输外，还应防止污染。

（3）同一采样点的样品应尽量装在同一样品箱内，运输前应核对现场采样记录上的所有样品是否齐全，应由专人负责样品运输。

（4）现场监测人员与实验室接样人员进行样品交接时，须清点和检查样品，并在交接记录（表 3-1-24）上签字。

（5）样品交接记录内容包括交接样品的日期和时间、样品数量和性状、监测项目、送样人、接样人等。

五、采样安全事项

（1）现场监测人员须考虑相应的安全预防措施，采样过程中采取必要的防护措施。

（2）监测人员应身体健康，适应工作要求，现场采样时至少两人同时在场。

（3）监测过程中配备必要的防护设备、急救用品。现场采样时，若采样位置附近有腐蚀性、高温、有毒、挥发性、可燃性物质，须穿戴防护用具。

六、布置任务

根据以上学习内容，完成工业废水水样的采集任务，并及时填写采样记录表、样品交接记录表，任务完成后由企业师傅进行考评，考评通过方可开始下一项任务的学习。考核评价内容详见表 3-1-25。

表 3-1-24　样品交接记录

送样日期	送样时间	监测点名称	样品编号	监测项目	样品数量	样品性状	采样日期	采样人员	监测后样品处理情况

项目名称：____________

送样人：____________　　　　接样人：____________

表 3-1-25　考核评价表

学徒姓名		任务名称		考核时间	
师傅指导记录				评价成绩	

评价项目	内容	标准分值	评定分值	备注
学风	积极参与各项学习活动，态度端正，遵规守纪，刻苦钻研，善于沟通交流，任务完成度高	10		
采样前的准备	采样工具准备齐全、采样容器规范且干净、仪器设备完好	10		
采集样品	操作方法符合采样技术规范，采样位置准确，样品保存方法正确，现场测定项目结果准确，水样标签填写、粘贴恰当	40		
采样记录	规范填写采样记录表、采样现场数据记录表，无涂改与损坏	25		
样品运输与交接	运输工具选择合理，样品运送及时，样品交接记录表填写规范，样品无丢失、损坏或过期	15		

任务三　分析测定样品

【任务目标与质量要求】

1. 熟悉监测方法技术国家标准，培养实事求是、与时俱进、遵规守纪、科学严谨的职业品质。

2. 掌握监测数据的统计处理、监测结果表达方法，培养科学精神。

3. 掌握各项监测指标的测定原理、步骤及测定仪器的操作方法，培养探索发现和解决问题的思维，树立科学精神。

4. 能够按照标准分析方法完成各项指标的分析测定任务，培养吃苦耐劳、互帮互助、求真务实、精益求精的职业品质和团队合作精神。

5. 能够采取适当的质量控制措施，培养质量意识和安全意识。

【学习产出目标】

1. 完成悬浮物、pH、氨氮的分析测定任务，并通过企业师傅的考核。

2. 规范、准确填写原始记录表。

【任务实施】

子任务一　悬浮物的测定

一、实验原理

本子任务采用重量法进行测定。水质中的悬浮物是指水样通过孔径为 0.45 μm 的滤膜，截留在滤膜上并于 103～105 ℃烘干至恒重的固体物质。

二、仪器和试剂

(1) 常用实验室仪器。

(2) 全玻璃微孔滤膜过滤器。

(3) CN-CA 滤膜：孔径 0.45 μm、直径 60 mm。

(4) 吸滤瓶、真空泵。

(5) 无齿扁嘴镊子。

(6) 蒸馏水或同等纯度的水。

三、操作步骤

1. 滤膜准备

用无齿扁嘴镊子夹取微孔滤膜放于事先恒重的称量瓶里，移入烘箱中于 103～105 ℃烘干 0.5 h 后，取出冷却至室温，称其质量，记为 m_1。反复烘干、冷却、称重，直至两次称量的质量差≤0.2 mg。将恒重的微孔滤膜正确地放在滤膜过滤器的滤膜托盘上，加盖配套的漏斗，并用夹子固定好。以蒸馏水湿润滤膜，并不断吸滤。

2. 测定

量取充分混合均匀的试样 100 mL，抽吸过滤，使水分全部通过滤膜。再以蒸馏水连续洗涤 3 次，每次 10 mL，继续吸滤以除去痕量水分。停止吸滤后，仔细取出载有悬浮物的滤膜放在原恒重的称量瓶里，移入烘箱中于 103～105 ℃烘干 1 h 后，取出冷却至室温并称其质量，记为 m_2。反复烘干、冷却、称量，直到两次称量的质量差≤0.4 mg 为止。

四、数据处理

悬浮物含量按下式计算：

$$c=\frac{m_2-m_1}{V}\times 10^6$$

式中，c——水中悬浮物含量，mg/L；

m_1——滤纸＋称量瓶质量，g；

m_2——悬浮物＋滤纸＋称量瓶质量，g；

V——试样体积，mL。

子任务二　pH 的测定

一、实验原理

本子任务采用玻璃电极法进行测定。pH 可间接地表示水的酸碱度，当水体受到酸、碱污染后，pH 就会发生变化。天然水的 pH 多在 6～9；饮用水 pH 要求在 6.5～8.5；某些工业用水的 pH 必须保持在 7.0～8.5。pH 是溶液中氢离子活度的负对数，即 $pH=-\lg a(H^+)$，随水温的变化而变化。以玻璃电极为指示电极，饱和甘汞电极为参比电极组成原电池。用已知 pH 的标准溶液定位、校准，用 pH 计直接测出水样的 pH。

二、仪器和试剂

（1）酸度计以及配套使用的电极、磁力搅拌器、塑料烧杯。

（2）温度计。

（3）pH 标准缓冲溶液甲（pH＝4.00，25 ℃）。

（4）pH 标准缓冲溶液乙（pH＝6.86，25 ℃）。

（5）pH 标准缓冲溶液丙（pH＝9.18，25 ℃）。

（6）饱和氯化钾溶液。

三、操作步骤

（1）仪器校准　按仪器使用说明书进行操作。

（2）开启酸度计电源，预热 20 min。

（3）仪器调零　不连接电极，量程选择“mV”挡，调节调零电位器，使显示为“0.00”。

（4）温度补偿　连接电极，用温度计测量被测溶液温度，调节“温度补偿”旋钮为被测溶液的温度值。

（5）定位　取一个洁净的 100 mL 塑料烧杯，用标准缓冲溶液甲润洗 3 次，装入 50 mL 该标准缓冲溶液，倾斜烧杯放入一个搅拌子，将烧杯放在搅拌器上。用蒸馏水水清洗电极，并用滤纸吸干电极表面的水，将电极插入标准缓冲溶液甲。开启搅拌器开关。调节“定位”旋钮使仪器显示为“4.00”。取出电极用蒸馏水清洗，并用滤纸吸干电极表面的水。

（6）斜率校正　更换溶液为标准缓冲溶液乙，调节“斜率”旋钮使仪器显示为“6.86”。标准缓冲溶液的 pH 与被测溶液 pH 相差 3 个单位以内。

（7）测定试样 pH　取一个洁净的 100 mL 塑料烧杯，用被测溶液润洗 3 次，倒入 50 mL 被测水样，将电极插入被测溶液中，开启搅拌器开关，待电极平衡后，读取并记录被测溶液的 pH。重复测定 3 次。

（8）关闭仪器电源、清洗电极，填写仪器使用记录。

四、数据处理

重复测定 3 次并计算平均值（表 3-1-26）。

表 3-1-26　pH 测定数据处理

重复测定	1	2	3	平均值
水样 1				
水样 2				
水样 3				

五、注意事项

（1）电极的插头必须保持干燥清洁。

（2）玻璃电极敏感膜容易破损，使用时务必小心操作，使用前应在蒸馏水中浸泡24 h。

（3）玻璃电极的下端比甘汞电极低些，应防止搅拌子打破玻璃电极。

（4）每测完一个溶液，电极都要清洗干净，并用滤纸吸干电极表面的水。

（5）电极不能用于强酸、强碱或其他腐蚀性溶液。严禁在脱水性介质如无水乙醇、重铬酸钾等中使用。

（6）测定前不宜提前打开样品瓶塞，以防空气中的 CO_2 溶入或样品中的 CO_2 逸失。

（8）pH 随水温变化而变化，测定时应在规定的温度下进行，或者校正温度。

子任务三　氨氮的测定

一、实验原理

本子任务采用纳氏试剂分光光度法进行测定。以游离态的氨或铵离子等形式存在的氨氮与纳氏试剂反应生成淡红棕色络合物，该络合物的吸光度与氨氮含量成正比，于波长 420 nm 处测量吸光度。

二、仪器和试剂

（1）分光光度计。

（2）吸收液　20 g/L 硼酸水溶液。

（3）纳氏试剂　聚乙烯瓶中密封保存。

（4）酒石酸钾钠溶液　ρ=500 g/L。

（5）氨氮标准贮备液　ρ=1 000 μg/mL。

（6）氨氮标准溶液　ρ=10 μg/mL。

（7）硫酸锌溶液　10％。

（8）氢氧化钠溶液　25％。

（9）硫代硫酸钠溶液　0.35％。

（10）淀粉-碘化钾试纸。

其他仪器和试剂同蒸馏滴定法。

三、操作步骤

1. 采样

按采样要求采集具有代表性的水样于聚乙烯瓶或玻璃瓶中。

2. 水样预处理

采用絮凝沉淀法。取 100 mL 水样，加入 1 mL 10%硫酸锌溶液和 0.1～0.2 mL 氢氧化钠溶液，调节 pH 至 10.5 左右，混匀。放置使之沉淀。用经无氨水充分洗涤过的中速滤纸过滤，弃去初滤液 20 mL。若水样中含有余氯可在絮凝沉淀前加入适量硫代硫酸钠溶液（每 0.5 mL 可除去 0.25 mg 余氯），用淀粉-碘化钾试纸检验。若絮凝沉淀法处理后仍浑浊和带色应采用蒸馏法处理水样，用硼酸水溶液吸收。

3. 标准曲线绘制

吸取 0，0.50 mL，1.00 mL，2.00 mL，4.00 mL，6.00 mL，8.00 mL，10.00 mL 氨氮标准溶液于 50 mL 比色管中，加水至标线，加 1.0 mL 酒石酸钾钠，混匀。加 1.5 mL 或 1.0 mL 纳氏试剂，混匀。放置 10 min 后，在波长 420 nm 处，用 20 mm 比色皿，以水为参比，测定吸光度，减去零浓度空白管的吸光度后，得到校正吸光度，绘制以氨氮含量（mg）、校正吸光度为坐标的标准曲线。

4. 水样测定

若取适量絮凝沉淀预处理后的水样（使氨氮含量不超过 0.1 mg），加入 50 mL 比色管中，稀释至标线；若取适量蒸馏预处理的馏出液，加入 50 mL 比色管中，加一定量 1 mol/L 氢氧化钠溶液以中和硼酸，稀释至标线。

向上述比色管中加入 1.0 mL 酒石酸钾钠溶液，混匀。再加入 1.5 mL 或 1.0 mL 纳氏试剂，混匀，放置 10 min 后，按标准曲线绘制测定条件测水样的吸光度。用 50 mL 无氨水代替水样，同时做空白试验。

四、数据处理

由水样测得的吸光度减去空白试验的吸光度后，从标准曲线上查氨氮含量（c）。

$$c=\frac{m}{V_{水}\times 1\,000}$$

式中，c——水样氨氮含量，mg/L；

m——由标准曲线查得的氨氮含量，mg；

$V_{水}$——水样的体积，mL。

五、注意事项

1. 纳氏试剂中碘化汞与碘化钾的比例对显色反应的灵敏度有较大影响。静置后生成的沉淀应去除。

2. 滤纸中常含有痕量的铵盐，使用时注意用无氨水洗涤。所用玻璃器皿应避免实验室空气中氨的污染。

【工作任务实施记录与评价】

1. 工作质量检查记录

日期	主要任务	具体措施	完成情况	效果	备注
质量评价				评价成绩	
				时间	

2. 学徒关键职业能力及职业品质、工匠精神评价

项目	A	B	C	D
工作态度				
吃苦耐劳				
团队协作				
沟通交流				
认真负责				
科学严谨				
实事求是				

项目二
大气和废气监测

大气和废气监测是环境监测员岗位核心工作内容之一，本项目按照大气和废气监测的工作流程进行任务设计，并依据监测方法选取典型监测项目。

【专业知识准备】

一、大气和大气污染

大气是指地球周围所有空气的总和，其厚度为 1 000～1 400 km。世界气象组织按大气温度的垂直分布将大气分为对流层、平流层、中间层、热成层、逸散层。其中，对人类及生物生存起着重要作用的是近地面约 10 km 的气体层——对流层，人们常称这层气体为空气层。可见，空气的范围比大气小得多，但空气层的质量却占大气总质量的 95%左右。在环境污染领域中，“空气”和“大气”常作为同义词使用。

空气是由多种物质组成的混合物。清洁干燥的空气主要组分是（以体积分数计）氮 78.06%、氧 20.95%、氩 0.93%。这三种气体的总和占空气总体积的 99.94%，其余还有十余种气体总共占空气总体积的不足 0.1%。干燥的空气不包括水蒸气，而实际上水蒸气是空气的重要的组成部分，其浓度随地理位置和气候条件在 0～0.46%的范围内变化。

清洁的空气是人类和生物赖以生存的环境要素之一。随着人类生产活动的增加和生活水平的提高，特别是现代工业和交通的迅速发展、煤和石油的大量使用，将产生的大量有害物质和烟尘、二氧化硫、氮氧化物、一氧化碳、碳氢化合物等排放到大气中，当其浓度超过环境所能允许的极限并持续一定时间后，就会改变大气特别是空气的正常组成，破坏自然的物理、化学和生态平衡体系，从而危害人们的生活、工作和健康，损害自然资源及财产、器物等，这种现象就被称为大气污染或空气污染。

二、大气污染物

引起大气污染的有害物质称为大气污染物。大气污染物的种类不下数千种，已发现其有害作用并被人们关注的有 100 多种，依据大气污染物的形成过程，可将其分为一次污染物和二次污染物。

一次污染物是直接从各种污染源排放到大气中的有害物质。常见的主要有二氧化硫、氮氧化物、一氧化碳、碳氢化合物、颗粒性物质等。颗粒性物质中包含苯并［*a*］芘等强致癌物质、有毒重金属、多种有机物和无机物等。

二次污染物是一次污染物在大气中相互作用或它们与大气中的正常组分发生反应所产生的新污染物。常见的二次污染物有硫酸盐、硝酸盐、臭氧、醛类（乙醛和丙烯醛等）、过氧乙酰硝酸酯（PAN）等。二次污染物的毒性一般比一次污染物的毒性大。

由于各种污染物的物理、化学性质不同，形成的过程和气象条件也不同，因此，污染物在大气中存在的状态也不尽相同。一般按其存在状态分为气态污染物和颗粒污染物两类。

（一）气态污染物

某些物质如臭氧、氯气、二氧化硫、一氧化碳、氮氧化物、氯化氢等沸点都很低，在常温、常压下以气体分子形式存在。还有些物质如苯、苯酚等，虽然在常温、常压下是液体或固体，但因其挥发性强，故能以蒸气态进入大气中，造成大气污染。

（二）颗粒污染物

颗粒污染物是分散在大气中的微小液体和固体颗粒，粒径多在 0.01～100 μm，是一个复杂的非均匀体系。通常根据颗粒物在重力作用下的沉降特性将其分为降尘和可吸入颗粒物。粒径大于 10 μm 的颗粒物能较快地沉降到地面上，称为降尘；粒径小于 10 μm 的颗粒物易随呼吸进入人体肺部，称为可吸入颗粒物。

可吸入颗粒物具有胶体性质，故又称气溶胶，它可长期飘浮在大气中，因此也称飘尘。通常所说的烟（其粒径在 0.01～1 μm）、雾（粒径在 10 μm 以下）、灰尘就是以飘尘形式存在的。

三、大气污染源

大气污染源可分为自然源和人为源两种。自然源是由于自然现象产生的，如火山爆发时喷射出大量的粉尘、二氧化硫气体等。人为源是由于人类的生产和生活活动产生的，是大气污染的主要来源，按其存在形式划分为固定污染源和流动污染源。

固定污染源是指位置或地点不变的污染源，主要是工业企业、家庭炉灶与取暖设备的烟囱排放的污染物；流动污染源是指位置和地点变动的污染源，主要是由交通工具在行驶时向大气排放污染物而形成的。在交通工具中，汽车的数量最大，排放的污染物最多，并且集中在城市。汽车排放的主要污染物有氮氧化物、一氧化碳、碳氢化合物等。

四、大气污染物的特点

（一）时间性

大气污染物的浓度变化与污染源的排放规律和气象条件如风速、风向、大气湍流、大气稳定度等有关。同一污染源对同一地点在不同时间所造成的地面空气污染浓度往往不同。例如，北方某城市一年内 1 月、2 月、11 月、12 月属采暖期，二氧化硫浓度比其他月份高，在一天之内，6～10 时和 18～21 时为供热高峰时间，空气中二氧化硫浓度比其他时间高。

（二）空间性

大气污染的空间分布也与污染源种类、分布情况和气象条件等因素有关。质量轻的分子态和气溶胶态污染物高度分散在大气中，易被扩散和稀释，随时空变化快；质量较大的灰尘、汞蒸气等，扩散能力差，影响范围较小。由于大气污染物在空间的分布不均匀，因此在大气污染监测工作中，应根据监测目的和污染物的空间分布特点选择适当的采样点，使结果更具代表性。

五、大气监测项目及监测目的

（一）大气监测项目

大气中的污染物多种多样，应根据优先监测原则，选择那些危害大、涉及范围广、已建立成熟的测定方法，并有标准可比的项目进行监测。

1. 必测项目

二氧化硫、氮氧化物、总悬浮颗粒物、硫酸盐化速率、灰尘自然沉降量。

2. 选测项目

一氧化碳、可吸入颗粒物、光化学氧化剂、氟化物、铅、汞、苯并［*a*］芘、总烃及非甲烷烃。

（二）监测目的

（1）通过对大气中主要污染物质进行定期或连续的监测，判断大气质量是否符合国家制定的大气质量标准，并为编写大气环境质量状况评价报告提供数据。

（2）为研究大气质量的变化规律和发展趋势，开展大气污染的预测预报工作提供依据。

任务一 制订空气质量监测方案

【任务目标与质量要求】

1. 熟悉常规空气质量监测指标。

2. 熟悉常用的空气质量监测方法标准和相关技术规范，培养实事求是、与时俱进、遵规守纪、科学严谨的职业品质。

3. 掌握采样前准备、采样点布设原则及方法，培养探索发现和解决问题的思维，树立科学精神。

4. 掌握采样器的选择与使用方法，培养互帮互助、团队合作精神和主动学习的良好风气。

5. 掌握样品的运输、保存原则及方法，培养认真负责、勇于探索、吃苦耐劳的职业品质。

6. 掌握空气质量监测方案的内容与制订方法。

【学习产出目标】

1. 制订校园空气质量监测方案，并通过企业师傅的考核。

2. 快速、准确查找到所需的空气质量监测方法和相关技术标准文本资料。

【任务实施】

在对大气污染进行监测时，人们不可能对全部大气进行监测，所以只能选择性地采集部分大气及气样。要使气样具有代表性，能准确地反映大气污染的状况，必须控制好以下几个步骤：根据监测目的调查研究，收集必要的基础资料；经过综合分析，确定监测项目，布设采样网点；选择采样方法、时间、频率；建立质量保证程序和措施；提出监测报告要求及进度计划等。

一、收集资料、调查研究

（一）污染源分布及排放情况

调查监测区域内的污染源类型、数量、位置、排放的主要污染物及排放量，同时还应了解所用原料、燃料及消耗量。要注意将高烟囱排放的较大污染源与低烟囱排放的小污染源区别开来，也应区别一次污染物和由于光化学反应产生的二次污染物。

（二）气象资料

污染物在大气中的扩散、输送和一系列的物理、化学变化在很大程度上取决于当时的气象条件。因此，要收集监测区域的风向、风速、气温、气压、降水量、日照时间、相对湿度、温度梯度、逆温层底部高度等资料。

（三）地形、土地利用和功能区划分

地形对当地的风向、风速和大气稳定情况等有影响，监测区域的地形越复杂，要求布设监测点越多。监测区域内土地利用情况及功能区划分也是设置监测网点应考虑的重要因素。

不同功能区的污染状况是不同的，如工业区、商业区、混合区、居民区等。

（四）人口分布及健康情况

环境保护的目的是维护自然环境的生态平衡，保护人群的健康，因此，掌握监测区域的人口分布、居民和动植物受大气污染危害情况及流行性疾病等资料，对制订监测方案、分析判断监测结果是有益的。

此外，对于监测区域以往的大气监测资料等也应尽量收集，供制订监测方案时参考。

二、采样点的布设

（一）采样点布设原则

（1）采样点应设在整个监测区域的高、中、低 3 种不同污染物浓度的地方。

（2）采样点应选择在有代表性的区域内，按工业和人口密集的程度以及城市、郊区和农村的状况，可酌情增加或减少采样点。

（3）采样点要选择在开阔地带，应在上风口，采样口水平线与周围建筑物高度的夹角应不大于 30°，交通密集区的采样点应设在距人行道边缘至少 1.5 m 远处。

（4）各采样点的设置条件要尽可能一致或标准化，使获得的监测数据具有可比性。

（5）采样高度应根据监测目的而定。研究大气污染对人体的危害，采样口应在离地面 1.5～2 m 处；研究大气污染对植物或器物的影响，采样口高度应与植物或器物的高度相近。在例行监测中，测 SO_2、NO_x、TSP（总悬浮颗粒物）及硫酸盐化速率的采样高度为 3～15 m，以 5～10 m 为宜；降尘的采样高度为 5～15 m，以 8～12 m 为宜。TSP、降尘、硫酸盐化速率的采样口应与基础面有 1.5 m 以上相对高度，以减少扬尘的影响。

（二）采样点布设方法和数目

1. 功能区布点法

功能区布点法多用于区域性常规监测。布点时先将监测地区按环境空气质量标准划分成若干“功能区”，如工业区、商业区、居民区、交通密集区、清洁区等，再按具体污染情况和人力、物力条件在各区域内设置一定数目的采样点。各功能区的采样点

数不要求平均，一般在污染较集中的工业区和人口较密集的居民区多设采样点。

2. 网格布点法

对于多个污染源，且在污染源分布较均匀的情况下，通常采用网格布点法。此法是将监测区域地面划分成若干均匀网状方格，采样点设在两条直线的交点处或方格中心，如图 3-2-1 所示。网格大小视污染强度、人口分布及人力、物力条件等确定。若主导风向明显，下风向设点要多一些，一般约占采样点总数的 60%。

3. 同心圆布点法

同心圆布点法主要用于多个污染源构成的污染群，且重大污染源较集中的地区。先找出污染源的中心，以此为圆心在地面上画若干个同心圆，再从圆心做若干条放射线，将放射线与圆周的交点作为采样点，如图 3-2-2 所示。圆周上的采样点数目不一定相等或均匀分布，常年主导风向的下风向应多设采样点。例如，同心圆半径分别取 5 km、10 km、15 km、20 km，从里向外各圆周上分别设 4、8、8、4 个采样点。

4. 扇形布点法

扇形布点法适用于孤立的高架点污染源，且主导风向明显的地区。以点源为顶点，呈 45°扇形展开，夹角可大些，但不能超过 90°，采样点设在扇形平面内据点源不同距离的若干弧线上。每条弧线上设 3 个或 4 个采样点，相邻两点与顶点的夹角一般取 10°～20°，如图 3-2-3 所示。在上风向应设对照点。

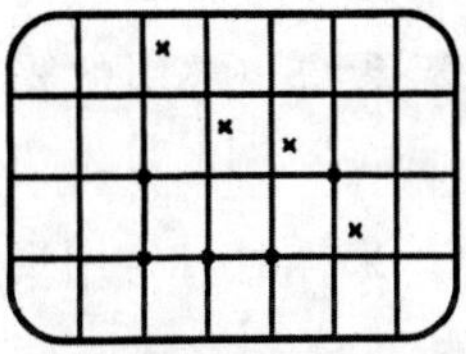

图 3-2-1　网格布点

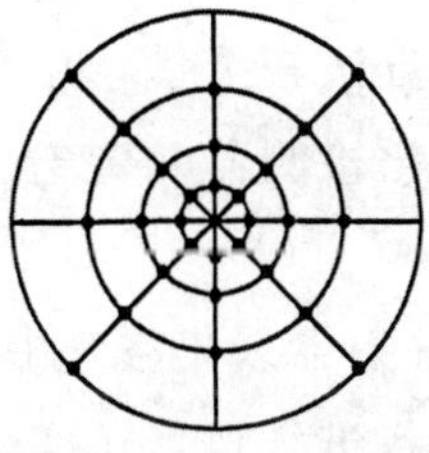

图 3-2-2　同心圆布点

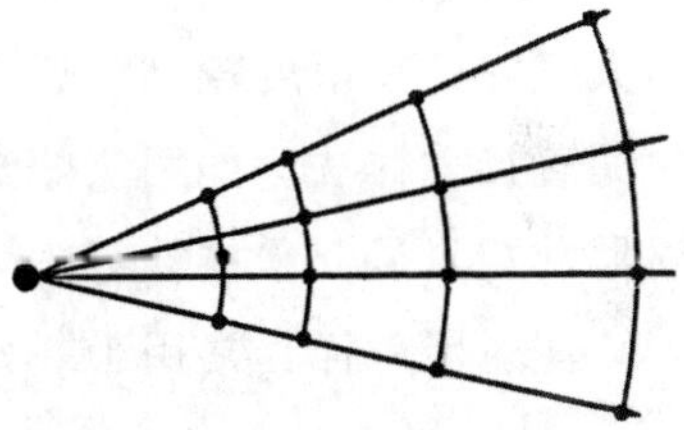

图 3-2-3　扇形布点

5. 平行布点法

平行布点法适用于线性污染源。线性污染源如公路等，在距公路两侧 1 m 左右布设监测网点，然后在距公路 100 m 左右的距离布设与前面监测点对应的监测点，目的是了解污染物经过扩散后对环境产生的影响。在前后两点对比采样的时候注意污染物组分的变化。

在采用同心圆和扇形布点法时，应考虑高架点污染源排放污染物的扩散特点，在不计污染物本底浓度时，点源脚下的污染物浓度为零，随着距离增加，很快出现浓度最大值，然后按指数规律下降。因此，同心圆或弧线不宜等距离划分，而是靠近最大浓度值的地方密一些，以免漏测最大浓度的位置。

以上几种采样布点方法，可以单独使用，也可综合使用，目的就是要有代表性地反映污染物浓度，为大气环境监测提供可靠的样品。

在一个监测区域内，采样点数目与经济投资和精度要求相关，应根据监测范围大小，污染物的空间分布特征，人口分布密度及气象、地形、经济条件等因素综合考虑确定。表 3-2-1 列出了对大气环境污染例行监测规定的采样点设置数目。

表 3-2-1　大气环境污染例行监测规定的采样点设置数目　　个

市区人口/万人	监测项目		
	SO_2、NO_x、TSP	灰尘自然沉降量	硫酸盐化速率
<50	3	≥3	≥6
50～100	4	4～8	6～12
100～200	5	8～11	12～18
200～400	6	12～20	18～30
>400	7	20～30	30～40

三、采样方法

根据大气污染物的存在状态、浓度、物理化学性质以及监测方法，要求选用不同的采样方法和采样仪器。

大气采样方法可分为两类，即直接采样法和富集（或浓缩）采样法。

1. 直接采样法

当大气污染物浓度较高，或测定方法较灵敏，用少量气样就可以满足监测分析要求时，用直接采样法。如用氢焰离子化检测器测定空气中的苯系物。常用的采样仪器有注射器、塑料袋、采样管等。

（1）注射器采样　常用 100 mL 注射器采集空气中的试样。采样时，先用现场气体抽洗 2～3 次，然后抽取 100 mL，密封进气口，送实验室分析。样品存放时间不宜过长，一般应当天分析完。此法多用于有机蒸气的采集。

（2）塑料袋采样　选择与气样中污染组分不发生化学反应或吸附且不渗漏的塑料袋。常用聚四氟乙烯袋、聚乙烯袋、聚酯袋等。为减少对被测组分的吸附，可在袋的内壁衬银、铝等金属膜。采样时，先用二联球打进现场气体冲洗 2～3 次，再充满样气，夹封进气口，送实验室尽快分析。

（3）采气管采样　采气管是两端带有活塞的玻璃管，其容积为 100～500 mL，如图 3-2-4 所示。采样时，采气管的一端接抽气泵，打开两端活塞，抽进比采气管容积大 6～10 倍的欲采气体，使采气管中原有气体完全被置换出，关上两端活塞，带回实验室分析。

图 3-2-4　采气管

（4）真空瓶采样　真空瓶是一种用耐压玻璃制成的容器，容积为500～1 000 mL。采样前先用真空泵将瓶内抽成真空（瓶外套有安全保护套），并测出瓶内剩余压力（一般为1.33 kPa左右），如图3-2-5所示。

图3-2-5　真空瓶

2. 富集采样法（浓缩采样法）

当大气中被测物质浓度很低，或所用分析方法灵敏度不高时，需用富集采样法对大气中的污染物进行浓缩。富集采样的时间一般比较长，测得结果是在采样时段内的平均浓度。富集采样法有溶液吸收法、低温冷凝法、固体阻留法、自然沉降法等。

（1）溶液吸收法　溶液吸收法是采集大气中气态、蒸气态及某些气溶胶态污染物质的常用方法。采样时，用抽气装置将欲测空气以一定流量抽入装有吸收液的吸收管（或吸收瓶）。采样后，测定吸收液中待测物质的量，根据采样体积计算大气中污染物的浓度。

（2）低温冷凝法　低温冷凝法可提高低沸点气态污染物的采集效率。此法是将“U”形或蛇形采样管插入冷阱中，分别连接采样入口和泵，当空气流经采样管时，被测组分因冷凝而凝结在采样管底部。收集后，可送实验室移去冷阱进行分析测试，如测定烯烃类、醛类等。制冷方法有制冷剂法和半导体制冷器法。常用的制冷剂有冰-食盐（−4 ℃）、干冰-乙醇（−72 ℃）、干冰（−78.5 ℃）、液氧（−183 ℃）等。

采样过程中，为了防止气样中的微量水、二氧化碳同时被冷凝下来，产生分析误差，可在采样管的进气端装过滤器（内装氯化钙、碱石灰、高氯酸镁等）除去水分和二氧化碳。

（3）固体阻留法

①填充柱阻留法　用一根内径3～5 mm、长6～10 cm的玻璃管或塑料管，内装颗粒状填充剂。采样时，气体以一定流速通过填充柱，被测组分因吸附、溶解或化学反应等作用而被阻留在填充剂上。采样后，通过解吸或溶剂洗脱使被测物从填充剂上分离释放出来，然后进行分析测试。根据填充剂作用原理的不同可将填充柱分为吸附型、分配型、反应型3种。

吸附型填充柱中的填充剂是固体颗粒状吸附剂，如硅胶、活性炭、分子筛、高分子多孔微球等。一般吸附能力越强，采样效率就越高，但解吸就越困难，所以在选择吸附剂时要同时考虑吸附效率和解吸能力。分配型填充柱内的填充剂是表面涂有高沸点的有机溶剂（如异十三烷）的惰性多孔颗粒物。采样时，气样通过填充柱，在有机溶剂（固定相）中分配系数大的组分保留在填充剂上而被富集。反应型的填充剂是在一些惰性载体（如石英砂、滤纸、玻璃棉等）表面涂一层能与被测物质起反应的试剂制成，也可用能与被测组分发生化学反应的纯金属（如Cu、Au、Ag等）微粒或丝毛作填充剂。

②滤料阻留法　将滤料（滤纸或滤膜）夹在采样夹上，用抽气泵抽气，则空气中的颗粒物被阻留在滤料上，称量滤料上富集的颗粒物质量，根据采样体积，即可计算出空气中颗粒物浓度。滤料的采集效率与滤料的性质、采集速度、颗粒物大小有关。

滤料采集大气中颗粒物的机理有直接阻截、惯性碰撞、扩散沉降、静电引力和重力沉降等。滤料的采集效率除与自身性质有关外，还与采样速率、颗粒物的大小等因素有关。高速采样，以惯性碰撞作用为主，对较大颗粒物的采集效率高；低速采样，以扩散沉降为主，对细小颗粒物的采集效率高。

（4）自然积集法　自然积集法是利用物质的自然重力、空气动力和浓差扩散作用采集大气中的被测物质，如大气中氟化物、自然降尘量、硫酸盐化速度等样品的采集。此方法不需动力设备，采样时间长，测定结果能较真实地反映空气污染情况。

采集大气中降尘的方法分湿法和干法两种，湿法使用比较普遍。湿法采样是在一定大小的圆筒形玻璃（或塑料、瓷、不锈钢）缸中加入一定量的水，放置在距地面 5～12 m、附近无高大建筑物及局部污染源的地方，采样口距基础面 1～1.5 m，以避免基础面扬尘的影响。常用集尘缸的尺寸为内径（15±0.5）cm、高 30 cm。一般加水 100～300 mL。冬季为防止冰冻保持缸底湿润，需加入适量乙二醇。夏季为抑制微生物及藻类的生长，需加入适量硫酸铜。采样时间为（30±2）天，多雨季节注意及时更换集尘缸，防止水满溢出。

四、采样时间和采样频率

采样时间指每次采样从开始到结束所经历的时间，也称采样时段。采样频率指一定时间范围内的采样次数。采样时间和频率要根据监测目的、污染物分布特征及人力、物力等因素决定。

短时间采样，试样缺乏代表性，监测结果不能反映污染物浓度随时间的变化，仅适用于事故性污染、初步调查等的应急监测。增加采样频率，也就相应地增加了采样时间，积累足够多的数据，样品就具有较好的代表性。

最佳采样和测定方式是使用自动采样仪器进行连续自动采样，再配以污染组分连续或间歇自动监测仪器，其监测结果能很好地反映污染物浓度的变化，能取得任意一段时间（一天、一个月或一个季度）的代表值（平均值）。相关监测技术规范对大气污染例行监测规定的采样时间和采样频率见表 3-2-2。

表 3-2-2　大气污染例行监测规定的采样时间和采样频率

监测项目	采样时间和频率
二氧化硫	隔日采样，每天连续采(24±0.5)h，每月 14～16 天，每年 2 个月
氮氧化物	同二氧化硫
总悬浮颗粒物	隔双日采样，每天连续采(24±0.5)h，每月 5～6 天，每年 12 个月
灰尘自然沉降量	每月采样(30±2)天，每年 12 个月
硫酸盐化速率	每月采样(30±2)天，每年 12 个月

五、布置任务

根据以上学习内容，设计一份校园空气质量监测方案，方案内容包括但不仅限于监测目的、监测地点与时间、监测项目、监测方法、采样工具、样品运输与保存等。方案制订完成后需由企业师傅进行考评，考评通过方可开始下一项任务的学习。校园空气质量监测方案样例、考核评价内容详见表 3-2-3、表 3-2-4。

表 3-2-3　校园空气质量监测方案

一、监测目的(目的应明确、清晰)
二、监测地点与时间(地点明确，时间具体)
三、监测项目(根据监测目的选取合适的监测项目)
四、采样工具(包括采样所需工具的名称、数量、规格等)
五、采样人员(包括采样人员姓名、职务或职称、工作单位、人员分工等)

续表 3-2-3

六、采样方法（清晰阐述具体的操作方法及过程）
七、样品运输与保存（明确样品的保存方法及运输工具）
八、分析测定方法（分别列出各项指标的分析测定方法）
九、采样频率（要求明确采样频率的大小）
十、采样安全与质控措施

注：可另附页。

表 3-2-4　考核评价表

学徒姓名		任务名称		考核时间	
师傅指导记录				评价成绩	
评价项目	内容		标准分值	评定分值	备注
学风	积极参与各项学习活动，态度端正，遵规守纪，刻苦钻研，善于沟通交流，任务完成度高		10		
方案内容完整性	内容充实，要素齐全，描述清晰准确，体现新技术、新标准、新要求，针对性强		40		
方案的可行性	符合相关环境标准和技术规范，符合各项环境要求，实用性强		35		
方案的经济合理性	费用-效益分析合理，技术路线清晰，技术装备齐全		15		

任务二　采集与运输样品

【任务目标与质量要求】

1. 熟悉大气监测技术、采样技术等相关规范，培养实事求是、与时俱进、遵规守纪、科学严谨的职业品质。

2. 掌握采样方式、采样器的规范化使用、采样频率、样品运输要求，培养探索发现和解决问题的思维，树立科学精神。

3. 能够按照技术规范完成各类样品的采集与现场监测任务，培养吃苦耐劳、互帮互助、求真务实的职业品质和团队合作精神。

4. 能够按要求完成样品的运输与交接任务，培养吃苦耐劳、认真负责的职业品质。

【学习产出目标】

1. 完成校园空气样品的采集与运输任务，并通过企业师傅的考核。

2. 规范、准确填写采样记录和样品交接记录。

【任务实施】

本项任务是按照已制订的校园空气质量监测方案在指定采样点完成样品的采集。同时做好采样记录，并填写、粘贴样品标签。采样具体工作一般包括采样前的准备、样品采集、样品保存、采样结束前核查、现场监测项目测定、样品运输与交接等。

一、采样前的准备

1. 确定采样负责人

采样负责人主要负责组织实施采样计划。

2. 采样器材的准备

采样器材包括采样器、静置容器、样品瓶和其他所需辅助设备。采样器包括真空采样瓶、注射器、塑料袋及其他满足采样需求且不影响监测结果的采样器。

二、样品采集、保存与核查

（一）采样过程

采样时应保证采样点位置准确，必要时使用定位仪定位，并拍摄现场情况，做好记录。不能抵达指定采样位置时，应记录现场情况和调整后的实际采样位置。

（二）采样方式和技术要求

（1）到达采样现场，观测并记录气象参数和天气状况。

（2）正确连接采样系统，做好样品标识。

（3）设置采样时间，调节流量至规定值，采集样品。

（4）采样过程中要随时记录采样起止时间、流量以及气温、气压等参数，记录内容应完整、规范。

（三）样品保存

（1）样品采集完成后，将样品密封后放入样品箱，样品箱再次密封后尽快送至实验室分析。

（2）样品保存中应避免阳光直射。需要低温保存的样品，在运输过程中应采取相应的冷藏措施，防止样品变质。

（3）样品到达实验室后应尽快分析。如不能及时测定，应按各项目的监测方法标准要求妥善保存，并在样品有效期内完成分析。

（四）采样结束前核查

采样结束前，应核对采样计划、记录，如有错误或遗漏，应立即重新采样或补采。

三、采样记录与样品标签

（一）采样记录

采样记录与实验室记录同等重要，在实际工作中，若不重视采样记录，不认真、及时填写采样记录，会由于记录不完整而使一大批监测数据因无法统计而作废。

采样过程中应及时填写好采样记录表。书写时用硬制铅笔和不溶性墨水笔，字迹工整，忌涂改。采样记录见表 3-2-5。

（二）样品标签

样品采集后，应及时填贴标签，并牢固地粘贴于盛装气样的容器外壁上。大气监测样品标签如图 3-2-6 所示。

四、样品运输与交接

（1）根据采样点的地理位置和监测项目保存期限，选用适当的运输方式。

（2）样品运输前应将容器的外（内）盖盖紧。装箱时应用泡沫塑料等减震材料分隔固定，以防破损。除防震、避免日光照射和低温运输外，还应防止污染。

（3）同一采样点的样品应尽量装在同一样品箱内，运输前应核对现场采样记录上的所有样品是否齐全，应由专人负责样品运输。

表 3-2-5 环境空气现场采样记录

样品编号	监测项目	采样时间	终止时间	采样流量/(L/min)	采样体积/L	温度/℃	大气压/kPa	□标况体积/L □参比体积/L	风向	风速/(m/s)	总云	低云
备注												

采样人：　　　　　　　　　　审核人：

大气监测样品标签

采样目的：____________________

样品编号：__________ 样品名称：__________

采样点位：____________________

采样日期：________ 采样人员：________ 采样时间：________

监测项目：____________________

图 3-2-6 大气监测样品标签示例

（4）现场监测人员与实验室接样人员进行样品交接时，须清点和检查样品，并在交接记录（表 3-2-6）上签字。

（5）样品交接记录内容包括交接样品的日期和时间、样品数量和性状、监测项目、送样人、接样人等。

表 3-2-6 样品交接记录

送样日期	送样时间	采样点位	样品编号	监测项目	样品数量	样品性状	采样日期	采样人员	监测后样品处理情况

项目名称：__________

送样人：__________ 接样人：__________

五、布置任务

根据以上学习内容，完成校园空气监测样品的采集任务，并及时填写采样记录表、样品交接记录表，任务完成后需由企业师傅进行考评，考评通过方可开始下一项任务的学习。考核评价内容详见表 3-2-7。

表 3-2-7 考核评价表

学徒姓名		任务名称		考核时间	
师傅指导记录				评价成绩	
评价项目	内容		标准分值	评定分值	备注
学风	积极参与各项学习活动,态度端正,遵规守纪,刻苦钻研,善于沟通交流,任务完成度高		10		
采样前的准备	采样工具准备齐全、采样容器规范且干净、仪器设备完好		10		
采集样品	操作方法符合采样技术规范,采样位置准确,样品保存方法正确,现场测定项目结果准确,气样标签填写、粘贴恰当		40		
采样记录	规范填写采样记录表、采样现场数据记录表,无涂改与损坏		25		
样品运输与交接	运输工具选择合理,样品运送及时,样品交接记录表填写规范,样品无丢失、损坏或过期		15		

任务三 分析测定样品

【任务目标与质量要求】

1. 熟悉监测技术国家标准，培养实事求是、与时俱进、遵规守纪、科学严谨的职业品质。

2. 掌握监测数据的统计处理、监测结果表达方法，培养科学精神。

3. 掌握各项监测指标的测定原理、步骤及测定仪器的操作方法，培养探索发现和解决问题的思维，树立科学精神。

4. 能够按照标准分析方法完成各项指标的分析测定任务，培养吃苦耐劳、互帮互助、求真务实、精益求精的职业品质和团队合作精神。

5. 能够采取适当的质量控制措施，培养质量意识和安全意识。

【学习产出目标】

1. 完成二氧化硫、氮氧化物的分析测定任务，并通过企业师傅的考核。

2. 规范、准确填写原始记录表。

子任务一　二氧化硫的测定

一、实验原理

本子任务采用甲醛吸收——副玫瑰苯胺分光光度法进行测定。二氧化硫被甲醛缓冲溶液吸收后，生成稳定的羟甲基磺酸加成化合物。在样品溶液中加入氢氧化钠使加成化合物分解，释放出的二氧化硫与副玫瑰苯胺、甲醛作用，生成紫红色化合物，于波长 577 nm 处测定其吸光度。

二、仪器和试剂

（1）分光光度计。

（2）多孔玻板吸收管　10 mL 多孔玻板吸收管，用于短时间采样；50 mL 多孔玻板吸收管，用于 24 h 连续采样。

（3）恒温水浴　0～40 ℃，控制精度为±1 ℃。

（4）具塞比色管　10 mL。

（5）空气采样器　用于短时间采样的普通空气采样器，流量范围 0.1～1 L/min，应具有保温装置。用于 24 h 连续采样的采样器应具备有恒温、恒流、计时、自动控制开关的功能，流量范围 0.1～0.5 L/min。

（6）一般实验室常用仪器。

（7）氢氧化钠溶液　$c(NaOH)=1.5$ mol/L。

（8）环己二胺四乙酸二钠溶液　$c(CDTA\text{-}2Na)=0.05$ mol/L。

（9）甲醛缓冲吸收储备液　吸取 36%～38%的甲醛溶液 5.5 mL，CDTA-2Na 溶液 20.00 mL；称取 2.04 g 邻苯二甲酸氢钾，溶于少量水中；将 3 种溶液合并，再用水稀释至 100 mL，储于冰箱可保存一年。

（10）甲醛缓冲吸收液　用水将甲醛缓冲吸收储备液稀释 100 倍。使用时现配。

（11）氨磺酸钠溶液　$\rho(NaH_2NSO_3)=6.0$ g/L。

(12) 碘储备液　$c(1/2I_2)$=0.10 mol/L。

(13) 碘溶液　$c(1/2I_2)$=0.010 mol/L。

(14) 淀粉溶液　ρ(淀粉)=5.0 g/L。

(15) 碘酸钾基准溶液　$c(1/6KIO_3)$=0.100 0 mol/L。

(16) 盐酸溶液　$c(HCl)$=1.2 mol/L。

(17) 硫代硫酸钠贮备液　$c(Na_2S_2O_3)$=0.10 mol/L。

(18) 硫代硫酸钠标准溶液　$c(Na_2S_2O_3)$=0.01 mol/L±0.000 01 mol/L。

(19) 乙二胺四乙酸二钠（EDTA-2Na）溶液　ρ(EDTA-2Na)=0.50 g/L。

(20) 亚硫酸钠溶液　$\rho(Na_2SO_3)$=1 g/L。

(21) 二氧化硫标准溶液　$\rho(SO_2)$=1.00 μg/mL。

(22) 盐酸副玫瑰苯胺（简称 PRA，即副品红或对品红）贮备液　ρ(PRA)=2.0 g/L。

(23) 盐酸副玫瑰苯胺溶液　ρ(PRA)=0.50 g/L。

三、操作步骤

1. 采样

根据空气中二氧化硫浓度，采用内装 10 mL 吸收液的"U"形多孔玻板吸收管，以 0.5 L/min 的流量采样。采样时吸收液温度的最佳范围在 23～29 ℃。样品运输和储存过程中，应注意避光保存。

2. 标准曲线的绘制

取 14 支 10 mL 具塞比色管分 A、B 两组，每组 7 支，分别对应编号。A 组按表 3-2-8 配制标准溶液系列。

B 组各管加入 1.00 mL PRA 溶液，A 组各管分别加入 0.5 mL 氨磺酸钠溶液和 0.5 mL 氢氧化钠溶液，混匀。再逐管迅速将溶液全部倒入对应编号并盛有 PRA 溶液的 B 管中，立即加塞混匀后放入恒温水浴中显色。显色温度与室温之差应不超过 3 ℃，根据不同季节和环境条件按表 3-2-9 选择显色温度与显色时间。

表 3-2-8　标准溶液系列的配制

试剂	管号						
	1	2	3	4	5	6	7
二氧化硫标准溶液/mL	0	0.50	1.00	2.00	5.00	8.00	10.00
甲醛缓冲吸收液/mL	10.00	9.50	9.00	8.00	5.00	2.00	0
二氧化硫含量/μg	0	0.50	1.00	2.00	5.00	8.00	10.00

表 3-2-9　显色温度与显色时间

项目	显色温度/℃				
	10	15	20	25	30
显色时间/min	40	25	20	15	
稳定时间/min	35	25	20	15	
试剂空白吸光度	0.03	0.035	0.04	0.05	

在波长 577 nm 处，用 1 cm 的比色皿，以水为参比溶液测量吸光度，并用最小二乘法计算标准曲线的回归方程。

3. 样品测定

样品放置 20 min，以使臭氧分解，然后将吸收管中样品溶液全部移入 10 mL 比色管中，用吸收液稀释至标线，加 0.5 mL 氨磺酸钠溶液，混匀，放置 10 min 以除去氮氧化物的干扰，以后步骤同标准曲线的绘制。如样品吸光度超过标准曲线上限，则可以用试剂空白溶液稀释，在数分钟内再测量其吸光度，但稀释倍数不要大于 6 倍。

四、结果的表示

$$\rho(SO_2)=\frac{A-A_0-a}{b\times V_s}\times\frac{V_t}{V_a}$$

式中：$\rho(SO_2)$——空气中二氧化硫的质量浓度，mg/m^3；

A——样品溶液的吸光度；

A_0——试剂空白溶液的吸光度；

b——校准曲线的斜率；

a——校准曲线的截距（一般要求小于 0.005）；

V_t——样品溶液的总体积，mL；

V_a——测定时所取试样的体积，mL；

V_s——换算成标准状态下（101.325 kPa，273 K）的采样体积，L。

计算结果精确到小数点后三位。

子任务二　氮氧化物的测定

一、实验原理

本子任务采用盐酸萘乙二胺分光光度法进行测定。空气中的二氧化氮被串联的第一支吸收瓶中的吸收液吸收并反应生成粉红色偶氮染料。空气中的一氧化氮不与吸收液反应，通过氧化管时被酸性高锰酸钾溶液氧化为二氧化氮，被串连的第二支吸收瓶中的吸收液吸收并反应生成粉红色偶氮染料。生成的偶氮染料在波长 540 nm 处的吸光度与二氧化氮的含量成正比。分别测定第一支和第二支吸收瓶中样品的吸光度，计算两支吸收瓶内二氧化氮和一氧化氮的质量浓度，二者之和即为氮氧化物的质量浓度（以 NO_2 计）。

二、仪器和试剂

（1）分光光度计。

（2）空气采样器　流量范围 0.1～1.0 L/min。采样流量为 0.4 L/min 时，相对误差小于±5%。

（3）恒温、半自动连续空气采样器　采样流量为 0.2 L/min 时，相对误差小于±5%，能将吸收液温度保持在 20 ℃±4 ℃。采样连接管线为硼硅玻璃管、不锈钢管、聚四氟乙烯管或硅胶管，内径约为 6 mm，尽可能短些，任何情况下不得超过 2 m，配有朝下的空气入口。

（4）吸收瓶　可装 10 mL、25 mL 或 50 mL 吸收液的多孔玻板吸收瓶，液柱高度不低于 80 mm。使用棕色吸收瓶或采样过程中吸收瓶外罩黑色避光罩。新的多孔玻板吸收瓶或使用后的多孔玻板吸收瓶，应用（1+1）HCl 浸泡 24 h 以上，用清水洗净。

（5）氧化瓶　可装 5 mL、10 mL 或 50 mL 酸性高锰酸钾溶液的洗气瓶，液柱高度不能低于 80 mm。使用后，用盐酸羟胺溶液浸泡洗涤。

（6）冰乙酸。

（7）盐酸羟胺溶液　ρ=0.2～0.5 g/L。

（8）硫酸溶液　$c(1/2H_2SO_4)=1$ mol/L。

（9）酸性高锰酸钾溶液　$\rho(KMnO_4)=25$ g/L。

（10）*N*-(1-萘基)乙二胺盐酸盐贮备液　$\rho[C_{10}H_7NH(CH_2)_2NH_2 \cdot 2HCl]=1.00$ g/L。

（11）显色液。

（12）吸收液　使用时将显色液和水按 4∶1（体积分数）比例混合，即为吸收液。吸收液的吸光度应小于等于 0.005。

（13）亚硝酸盐标准贮备液　$\rho(NO_2^-)=250$ μg/mL。

（14）亚硝酸盐标准工作液　$\rho(NO_2^-)=2.5$ μg/mL。

三、操作步骤

1. 采样

取一支多孔玻板吸收瓶，装入 10.0 mL 吸收液，以 0.4 L/min 流量采气 6～24 L。采样、样品运输及存放过程应避免阳光照射。空气中臭氧浓度超过 0.25 mg/m^3 时，使吸收液略显红色，对二氧化氮的测定产生负干扰。采样时在吸收瓶入口端串接一段15～20 cm长的硅胶管，可以将臭氧浓度降低到不干扰二氧化氮测定的水平。

2. 标准曲线的绘制

取6支10 mL具塞比色管，制备标准色列，见表3-2-10。

表3-2-10 标准色列的配制

管号	0	1	2	3	4	5
标准工作溶液体积/mL	0	0.40	0.80	1.20	1.60	2.00
水/mL	2.00	1.60	1.20	0.80	0.40	0
显色液/mL	8.00	8.00	8.00	8.00	8.00	8.00
NO_2^- 质量浓度/(μg/mL)	0	0.10	0.20	0.30	0.40	0.50

各管混匀，于暗处放置20 min（室温低于20 ℃时，应适当延长显色时间，如室温为15 ℃时，显色40 min），用10 mm比色皿，以水为参比，在波长540 nm处，测量吸光度。扣除空白试验的吸光度后，对应 NO_2^- 的浓度（μg/mL），用最小二乘法计算标准曲线的回归方程。

3. 样品测定

采样后放置20 min（气温低时，适当延长显色时间，如室温为15 ℃时，显色40 min），用水将采样瓶中吸收液的体积补至标线，混匀，以水为参比，在540 nm处测量其吸光度和空白试验样品的吸光度。若样品的吸光度超过标准曲线的上限，应用空白试验溶液稀释，再测其吸光度。

四、结果的表示

$$\rho(NO_2)=\frac{(A_1-A_0-a)\times V\times D}{b\times f\times V_0}$$

式中，A_1——串联的第一支吸收瓶中样品的吸光度；

A_0——空白对照样品的吸光度；

b——标准曲线的斜率；

a——标准曲线的截距；

V——采样用吸收液体积，mL；

V_0——换算为标准状态（101.325 kPa，273 K）下的采样体积，L；

D——样品的稀释倍数；

f——Saltzman实验系数，0.88（当空气中二氧化氮质量浓度高于0.72 mg/m^{3}时，f取0.77）。

【工作任务实施记录与评价】

1. 工作质量检查记录

日期	主要任务	具体措施	完成情况	效果	备注
质量评价				评价成绩	
				时间	

2. 学徒关键职业能力及职业品质、工匠精神评价

项目	A	B	C	D
工作态度				
吃苦耐劳				
团队协作				
沟通交流				
认真负责				
科学严谨				
实事求是				

项目三
噪声监测

本项目按照噪声监测的工作流程进行任务设计，并依据典型监测项目选取测定方法。

【专业知识准备】

一、基本概念

（一）声音和噪声

物体的振动产生声音，凡能发生振动的物体统称为声源，声源可分为固体声源、液体声源和气体声源等。声源的振动通过空气介质作用于人耳鼓膜时产生的感觉称为声音。从生理学上讲，凡是使人烦恼、讨厌、刺激的声音，即人们不需要的声音就可称其为噪声。从物理学上看，无规律、不协调的声音，即频率和强度都不相同的声波无规律的杂乱组合就称为噪声。噪声不单纯根据声音的客观物理性质来定义，还应根据人们的主观感觉、当时的心理状态和生活环境等因素来决定。例如，音乐声对正在欣赏音乐的人来说，是一种美的享受，是需要的声音，而对正在思考或睡眠的人来说，则是不需要的声音，即噪声。

（二）频率、波长、声速

声源振动一次所经历的时间间隔称为周期，用 T 表示，单位是 s。声源在每秒内振动次数称为频率，用 f 表示，单位是 Hz，$T=1/f$。人耳可听到的声音的频率范围为 20～20 000 Hz，故噪声监测针对的是这个范围内的声波。

产生噪声的声源振动大都是按一定的时间间隔重复进行的，也就是说振动是具有周期性的，那么就会在声源周围介质中产生周期性的疏密变化。在同一时刻，从某一最稠密（或最稀疏）的地点到相邻的另一个最稠密（或最稀疏）的地点之间的距离称为声波的波长，用 λ 表示，单位是 m，声源每秒在介质中传播的距离称为声速，用 c 表示，单位是 m/s。

（三）声压、声强、声功率

1. 声压

由于噪声能引起空气质点（分子）的振动，使周围空气质点发生疏密交替变化而产生的压强变化称为声压，即噪声场中单位面积上由声波引起的压力增量为声压，用 p 表示，单位为 Pa。人们通常生活的环境压强约是一个标准大气压（p_0），当噪声这个疏密波传来时，环境压强就会发生改变，疏部的压强稍稍低于 p_0，密部的压强稍稍高于 p_0，这种在大气压上起伏的部分就是声压。

以敲锣为例，锣面敲得越重，锣面上下振动越剧烈，声压就越大，听起来就越响。反之，振动越小，声压越小，听起来就越弱。这就是说，声压的大小反映了声的强弱，可以用声压来衡量声的强弱。声压分为瞬时声压和有效声压。

噪声场中某一瞬间的声压值称为瞬时声压。瞬时声压随时间变化，而人耳感觉到的是瞬时声压在某一时间段内的平均结果，即有效声压。有效声压是瞬时声压的平方平均数，故实际上总是正值。

正常人耳刚能听到的最微弱声音的声压是 2×10^{-5} Pa，称为人耳听阈声压，如人耳刚刚听到的蚊子飞过的声音的声压。使人耳产生疼痛感觉的声压是 20 Pa，称为人耳痛阈声压，如飞机发动机噪声的声压。通常噪声测量仪器所指示的数值就是声压值。

2. 声强

声波作为一种波动形式，将噪声源的能量向空间辐射，人们可用能量来表示它的强弱。在单位时间内（每秒），通过垂直声波传播方向的单位面积上的声能，称为声强，用 I 表示，单位为 W/m^2。

声强的大小与离噪声源的距离远近有关。这是因为单位时间内噪声源发出的噪声能量是一定的，离噪声源的距离越远，噪声能量分布的面积就越宽，通过单位面积的噪声能量就越小，声强就越小。

3. 声功率

噪声源在单位时间内向外辐射的总声能称为声功率。

声压、声强和声功率 3 个物理量中，声强和声功率是不容易直接测定的，所以在噪声监测中一般都是测定声压，只要测出声压，就可算出声强，进而得出声功率。

4. 分贝、声压级

能够引起人们听觉的噪声不仅要有一定的频率（20～20 000 Hz），而且还要有一定的声压（2×10^{-5}～20 Pa）。声压太小，不能引起听觉，声压太大，只能引起痛觉，而不能引起听觉。从听阈声压（2×10^{-5} Pa）到痛阈声压（20 Pa），声压的绝对值数量级相差 100 万倍，声强则相差 1 万亿倍，因此，在实践中使用声压的绝对值描述噪声的强弱是很不方便的。另外，人耳对声音强度的感觉并不正比于其强度（如声压）的绝对值，而更接近正比于其数值。由于这两个原因，在声学中普遍采用对数标度。

（1）分贝的定义　由于对数的宗量是无量纲的，因此用对数标度时必须先选定基准量（或称参考量），然后对被量度量与基准量的比值求对数，这个对数称为被量度量的“级”，如果所取对数以 10 为底，则级的单位为贝尔（B）。由于贝尔单位过大，故常将 1 B 分为 10 挡，每一挡的单位称为分贝（dB）。如果所取对数以 e（e=2.718 28）为底，则级的单位称为奈培（Np）。

（2）声压级　当用“级”来衡量声压大小时，就称为声压级。这与人们常用级来表示风力大小、地震强度的意义是一样的。声压级用 L_p 表示，单位是 dB。

二、噪声的特征

（一）噪声的分类

噪声的种类很多，因其产生的条件不同而异。噪声主要包括来源于自然界的噪声和人为活动产生的噪声。环境监测的噪声主要是人为活动所产生的噪声。

产生噪声的声源称为噪声源。若按噪声产生的机理来划分，人为活动产生的噪声可分为空气动力性噪声、机械性噪声和电磁性噪声三大类。若按其随时间的变化来划分，可分成稳态噪声和非稳态噪声两大类。与人们生活密切相关的是城市噪声，它的来源大致可分为工业生产噪声、交通运输噪声、建筑施工噪声和社会生活噪声等。在影响城市环境的各种噪声源中，工业生产噪声占 8%～10%，建筑施工噪声约占 5%，交通噪声约占 30%，社会生活噪声约占 47%。

（二）噪声的危害

噪声会损伤听力，影响睡眠及人体的生理，它还干扰语言交流和通信联络；特强的噪声还会危害仪器设备和建筑结构。

（三）噪声的特征

噪声污染和空气污染、水污染、固体废物污染一样是当代主要的环境污染之一。但噪声与后几者不同，它是物理污染（或称能量污染），具有以下 3 个特征。

1. 可感受性

与无感觉公害如放射污染和某些有毒化学品的污染相比，噪声是通过感觉对人产生危害的，是一种感受公害。噪声公害取决于受污染者的心理和生理因素，不同的人对相同的噪声有不同的反应，因而在评价噪声时，应考虑其对不同人群的影响。

2. 即时性

噪声污染是由于空气中的物理变化而产生的一种能量污染。噪声作为能量污染，其能量是由声源提供的，一旦声源停止辐射能量，噪声污染将立即消失，不存在任何残存物质，污染现象也将立即消失，这就是噪声污染的即时性。

3. 局部性

除飞机噪声这样的特殊情况外，一般情况下噪声源离受害者的距离很近，噪声源辐射出来的噪声随着传播距离的增加，或受到障碍物的吸收，噪声能量被很快地减弱，因而噪声污染主要局限在声源附近不大的区域内。此外，噪声污染又是多发的，城市中噪声源分布既多又散，使得噪声的监测和治理工作很难进行。

任务一　制订噪声监测方案

【任务目标与质量要求】

1. 熟悉常规噪声监测指标。

2. 熟悉常用的噪声监测方法标准和相关技术规范，树立科学思维的精神，培养学生实事求是、科学严谨的职业品质。

3. 掌握噪声监测点位布设原则及方法，培养学生的逻辑思维能力，能充分运用所学知识进行综合分析，解决实际问题。

4. 掌握噪声监测仪器的选择与使用方法，培养实际操作能力及互帮互助的团队精神。

5. 掌握噪声监测方案的内容与制订方法。

【学习产出目标】

1. 制订一份噪声监测方案，并通过企业师傅的考核。

2. 快速、准确查找到所需的噪声监测方法和相关技术标准文本资料。

【任务实施】

一、噪声监测仪器

在噪声监测中，人们可根据不同的监测与分析目的，选用不同的仪器，采用相应的监测方法。常用的监测仪器有声级计、声级频谱仪、自动记录仪、磁带录音机、噪声级分析仪。

（一）声级计

1. 原理

声级计主要由传声器、放大器、衰减器、计权网络、电表电路及电源等部分组成。

声级计的工作原理是传声膜片接受声压后，将声压信号转换成电压信号，由于表头指示范围一般只有 20 dB，而声音范围变化可高达 140 dB，甚至更高，所以，此信号经前置放大器做阻抗变换后要送入输入衰减器，经输入衰减器衰减后的信号再由输入放大器进行定量放大，放大后的信号由计权网络进行计权。计权网络模拟人耳对不同频率有不同灵敏度的听觉响应。在计权网络处可外接滤波器进行频谱分析。经计权后的信号由输出衰减器减到额定值，随即送到输出放大器放大，使信号达到相应的功率并输出，输出信号经检波后送出有效电压，推动电表显示所测的声压级数值。

（1）传声器　传声器也称话筒或麦克风，它是将声能转换成电能的元件。声压由传声器膜片接收后，将声压信号转换成电信号。传声器的质量是影响声级计性能和测量准确度的关键。优质的传声器应满足以下要求：灵敏度高、工作稳定；频率范围宽、频率响应特性平直、失真小；受外界环境（如温度、湿度、振动、电磁波等）影响小；动态范围大。

在噪声测量中，根据换能原理和结构的不同，常用的传声器分为晶体传声器、电动式传声器、电容传声器和驻极体传声器。晶体和电动式传声器一般用于普通声级计；电容和驻极体传声器多用于精密声级计。

电容传声器灵敏度高，一般为 10～50 mV/Pa；在很宽的频率范围内（10～20 000 Hz）频率响应平直；稳定性良好，可在 50～150 ℃、相对湿度为 0～100%的范围内使用。所以电容传声器是目前较理想的传声器。

（2）放大器和衰减器　放大器和衰减器是声级计和频谱分析仪内部放大和衰减电信号的电子线路。因为传声器把声音信号变成电信号，此电信号一般很微弱，既达不到计权网络分离信号所需的能量，也不能在电表上直接显示，所以需要将信号加以放大，这个工作由前置的放大器来完成；当输入信号较强时，为避免表头过载，需对信号加以衰减，这就需要用输入衰减器进行衰减。经过处理后的信号必须再由输入放大器进行定量放大才能进入计权网络。用于声级测量的放大器和衰减器应满足下面几个条件：要有足够大的增益（衰减）而且稳定；频率响应特性要平直；在声频范围 20～20 000 Hz 内要有足够的动态范围；放大器和衰减器的固有噪声要低；耗电量小。

（3）计权网络　计权网络是由电阻和电容组成的、具有特定频率响应的滤波器，它能使欲测定的频带的波顺利地通过，而把其他频率的波尽可能地除去。为了使声级计测出的声压级的大小接近人耳对声音的响应，用于声级计的计权网络是根据等响曲线设计的，即 A、B、C 三种计权网络。

（4）电表、电路和电源　经过计权网络后的信号由输出衰减器衰减到额定值，随即送到输出放大器放大，使信号达到响应的功率输出，输出的信号被送到电表电路进行有效值检波（RMS 检波），送出有效电压，推动电表，显示所测得声压级分贝值。声级计上有阻尼开关，能反映人耳听觉动态特性，“F”表示表头为“快”的阻尼状态，它表示信号输入 0.2 s 后，表头指针就迅速达到其最大读数，一般用于测量起伏不大的稳定噪声。如果噪声起伏变化超过 4 dB，应使用慢挡“S”，它表示信号输入 0.5 s 后，表头指针就达到它的最大读数。

为了适用野外测量，声级计一般要求用电池供电。为了保证测量精度，仪器应进行校准。声级计类型不同，其性能也不一样，普通声级计的测量误差约为±3 dB，精密声级计的误差约为±1 dB。

2. 种类

声级计按其用途可分为一般声级计、车辆声级计、脉冲声级计、积分声级计和噪声计量计等。按其精度可分为四种类型：O 型声级计，是实验用的标准声级计；Ⅰ型声级计，相当于精密声级计；Ⅱ型声级计和Ⅲ型声级计作为一般用途的普通声级计。按其体积大小可分便携式声级计和袖珍式声级计。国产声级计有 ND-2 型精密声级计和 PSJ-2 普通声级计。国际标准化组织（ISO）及国际电工委员会（IEC）规定普通声级计的频率范围是 20～8 000 Hz，精密声级计的频率范围为 20～12 500 Hz。

（二）声级频谱仪

频谱仪是测量噪声频谱的仪器，它的基本组成大致与声级计相似。但是频谱分析仪中设置了完整的计权网络（滤波器）。借助滤波器的作用，可以将声频范围内的频率分成不同的频带进行测量。例如，做倍频程划分时，若将滤波器置于中心频率 500 Hz，通过频谱分析仪的则是 335～710 Hz 的噪声，其他频率的声波就不能通过，因此在频谱分析仪上所显示的就是频率为 355～710 Hz 的噪声的声压级。由于频谱分析仪能分别测量噪声中所包含的各种频带的声压级。所以它是进行噪声频谱分析不可缺少的仪器。一般情况下，进行频谱分析时，都采用倍频程划分频带。如果对噪声要进行更详细的频谱分析，就要用窄频带分析仪，如用 1/3 频程划分频带。在没有专用的频谱分析仪时，也可以把适当的滤波器接在声级计上进行频谱测定。

（三）自动记录仪

自动记录仪将测量的噪声声频信号随时间的变化记录下来，从而对环境噪声做出准确评价，自动记录仪能将交变的声谱电信号做对数转换，整流后将噪声的峰值、均方根值（有效值）和平均值表示出来。

（四）磁带录音机

在现场测量中有时受到测试场地或供电条件的限制，不可能携带复杂的测试分析系统。磁带记录仪具有携带简便、直流供电等优点，能将现场信号连续不断地记录在磁带上，带回实验室中分析。测量使用的磁带记录仪除要求畸变小、抖动少、动态范围大外，还要求在 20～20 000 Hz 频率范围内有平直的频率响应。

（五）噪声级分析仪

在声级计的基础上配以自动信号存储、处理系统和打印系统，便称为噪声级分析仪。噪声级分析仪的工作原理是噪声信号经传声器转换为交变的电压信号，经放大、计权、检波后，利用微机和单板机存储并处理，处理后的结果由数字显示，测量结束后，由打印机打印出计算结果，微型计算机和单板机还将控制仪器的取样间隔、取样时间和量程进行切换。一般噪声级分析仪均可测量声压级、A 计权声压级 L_p、累计百分声压级 L_n、等效声压级 L_{eq}、标准偏差、概率分布和累积分布。更进一步可测量 L_p、L_n、L_{eq}、声暴露级 L_{AET}、车流量、脉冲噪声等，外接滤波器可做频谱分析。噪声分析仪与声级计相比具有显著优点：一是实现了取样和数据处理的自动化；二是高密度取样，提高了测量精度。

二、噪声监测程序

（一）噪声监测程序

噪声监测的一般程序包括现场调查和资料收集、布点和监测、数据处理和编制监测报告。

环境噪声来源于工业、建筑施工、道路交通和社会生活，监测前应调查有关工程的建设规模、生产方式、设备类型及数量，工程所在地区的占地面积、地形和总平面布局图、职工人数、噪声源设备布置图及其声学参数；调查道路、交通运输方式以及机动车流量等；调查地理环境、气象条件、绿化装潢以及社会经济结构和人口分布等。

环境噪声的监测范围不一定是越宽越好，也不能说掌握几个主要噪声源周围几百米内的噪声就可以了，而应该监测区域内噪声所影响的范围。监测点的选择、监测实践和监测方法因不同的噪声监测内容而异。测点一般要覆盖整个评价范围，重点要布置在现有噪声源对敏感区有影响的点上。其中，点声源周围布点密度应高一些。对于线声源，应根据敏感区分布状况和工程特点，确定若干测量断面，每一断面上设置一组测点。为便于绘制等声级线图，一般采用网格测量法和定点测量法。

环境噪声监测应根据评价工作需要分别给出各种噪声的评价量：等效声压级 L_{eq}、累计百分声压级 L_n、昼夜等效声压级 L_{dn} 等，并按相应公式进行处理。根据监测的有关数据和调查资料写出监测报告。

（二）监测时间

监测时间根据不同的监测内容要求确定，具体见表 3-3-1。

（三）监测气象条件选择

监测气象条件一般为无雨、无雪天气，风力小于 4 级（风速小于 5.5 m/s）。

（四）噪声干扰因素消除

传声器位置要准确，要对准监测要求的方向，带风罩。同时保证仪器供电，仪器使用前后均应校准，监测时避免近距离人为噪声干扰。24 h 监测时应注意传声器防潮。

表 3-3-1　噪声监测时间

项目名称	监测时间
区域环境噪声	白天选在 8:00～12:00、14:00～18:00;夜间一般选在 22:00 至次日 5:00
道路交通噪声	白天正常工作时间内
厂界噪声	工业企业的正常生产时间内,分昼间和夜间两部分
功能区噪声	24 h,每小时测量 20 min,或 24 h 全时段监测
扰民噪声	白天选在 6:00～22:00,夜间一般选在 22:00 至次日 6:00
建筑施工场界噪声	在各种施工机械正常运行时间内进行,分昼间和夜间两部分
机动车辆噪声	白天一般选在 8:00～12:00、14:00～18:00;夜间一般选在 22:00 至次日 5:00

（五）数据处理

根据监测所要求的噪声评价量，采用对应的公式进行处理。

（六）评价方法

由监测到的数据，根据不同的监测项目要求，用数据平均法或图示法进行评价。

三、布置任务

根据以上学习内容，设计一份城市噪声监测方案，方案内容包括但不仅限于监测目的、监测地点与时间、监测方法、监测频率等。方案制订完成后需由企业师傅进行考评，考评通过方可开始下一项任务的学习。城市噪声监测方案样例、考核评价内容详见表 3-3-2、表 3-3-3。

表 3-3-2　城市噪声监测方案

一、监测目的(目的应明确、清晰)
二、监测地点与时间(地点明确,时间具体)
三、监测人员(包括监测人员姓名、职务或职称、工作单位、人员分工等)
四、监测方法(清晰阐述具体的操作方法及过程)

续表 3-3-2

五、监测频率（要求明确监测频率的大小）
六、监测安全与质控措施

注：可另附页。

表 3-3-3　考核评价表

学徒姓名		任务名称		考核时间	
师傅指导记录				评价成绩	
评价项目	内容		标准分值	评定分值	备注
学风	积极参与各项学习活动，态度端正，遵规守纪，刻苦钻研，善于沟通交流，任务完成度高		10		
方案内容完整性	内容充实，要素齐全，描述清晰准确，体现新技术、新标准、新要求，针对性强		40		
方案的可行性	符合相关环境标准和技术规范，符合各项环境要求，实用性强		35		
方案的经济合理性	费用-效益分析合理，技术路线清晰，技术装备齐全		15		

任务二　噪声监测

【任务目标与质量要求】

1. 熟悉监测技术国家标准，树立科学思维的精神，培养学生实事求是、科学严谨的职业品质。

2. 掌握监测数据的统计处理、监测结果表达方法，培养精益求精和实事求是的职业品质。

3. 掌握监测指标的测定原理、步骤及测定仪器的操作方法，提升学生仪器操作技能。

4. 能够按照标准分析方法完成监测任务，培养实际操作能力及吃苦耐劳、任劳任恕、团结协作的团队精神。

5. 能够采取适当的质量控制措施，培养质量意识和安全意识。

【学习产出目标】

1. 完成社会生活噪声、建筑施工场界噪声的分析测定任务，并通过企业师傅的考核。

2. 规范、准确填写原始记录表。

【任务实施】

子任务一　社会生活噪声测定

一、学习目的

（1）掌握声级计或噪声自动监测仪器的使用方法。

（2）掌握社会生活噪声监测的方法。

（3）熟悉社会生活噪声的排放标准及限值要求。

二、仪器

声级计或噪声自动监测仪。

三、操作步骤

社会生活噪声指营业性文化娱乐场所和商业经营活动中使用的设备、设施产生的噪声。

（一）测点选择

根据社会生活噪声排放源情况、周围噪声敏感建筑物的布局以及毗邻的功能区类别，在社会生活噪声排放源边界布设测点，重点布设在距离噪声敏感建筑物较近以及受被测声源影响大的位置。一般情况下，测点选在社会生活噪声排放源边界外 1 m、高度 1.2 m 以上、距任一反射面距离不小于 1 m 的位置。

测量室内噪声时，测点应设在距任一反射面距离至少 0.5 m 以上、距地面 1.2 m 高度处，在受噪声影响方向的窗户全部开启状态下测量。

（二）现场监测

分别在昼间、夜间两个时段测量，夜间有频发、偶发噪声影响时测量最大声级 L_{max}。

被测声源是稳态噪声的，测量 1 min 的等效声级；被测声源是非稳态噪声的，测量一个周期或有代表性时段内的等效声级以及最大声级，必要时测量其整个时段的等效声级。

四、数据处理

现场记录测量值，并画出噪声源、测点、场界以及噪声敏感建筑物的分布图。数据记录见表 3-3-4。

表 3-3-4　数据记录

监测场所	地点	测量时间	测点编号	仪器型号	测量结果	气象条件
噪声源、测点、场界以及噪声敏感建筑物的分布图						

（1）测量值与背景噪声值相差大于 10 dB（A）时，测量值不做修正。

（2）测量值与背景噪声值相差 3～10 dB（A）时，二者差值取整后，按表 3-3-5 进行修正。

表 3-3-5　测量结果修正　　dB（A）

差值	3	4～5	6～10
修正值	−3	−2	−1

（3）测量值与背景噪声值相差小于 3 dB（A）时，应采取措施降低背景噪声，重新按照上述方法修正。

子任务二　建筑施工场界噪声监测

一、学习目的

（1）巩固声级计或噪声自动监测仪器的使用方法。

（2）掌握建筑施工噪声监测的方法。

（3）熟悉建筑施工噪声的排放标准及限值要求。

二、仪器

声级计或噪声自动监测仪。

三、操作步骤

（一）测点选择

根据城市建设部门提供的建筑方案和其他与施工现场情况有关的数据，确定建筑施工场地边界线，并在测量表中标出边界线与噪声敏感区域之间的距离。

根据被测建筑施工场地的建筑作业方位和活动形式，确定噪声敏感建筑或区域的方位，并在建筑施工场地边界线上选择离敏感建筑物或区域最近的点作为测点。由于敏感建筑物方位不同，对于一个建筑施工场地可同时有多个测点。

（二）现场监测

昼间以 20 min 的等效声级表示昼间噪声级，夜间以 8 h 的等效声级表示夜间噪声级。测量期间，各施工机械应处于正常运行状态，并应包括不断进入或离开场地的车辆，如卡车、施工机械车辆、搅拌机（车）等，以及在施工场地上运转的车辆，都属于施工场地范围以内的建筑施工活动。

（三）背景噪声测量

当声环境不受被测声源影响，且其他声环境条件与测量被测声源时保持一致时，进行背景噪声的测量，注意与被测声源测量的时段相同。

四、数据处理

现场记录测量值，并画出噪声源、测点、场界以及噪声敏感建筑物的分布图。测量结果数据记录见表 3-3-6。

表 3-3-6　测量结果数据记录

监测场所	地点	测量时间	测点编号	仪器型号	测量结果	气象条件
噪声源、测点、场界以及噪声敏感建筑物的分布图						

背景噪声应比测量噪低 10 dB（A）以上，若测量值与背景噪声值相差小于 10 dB（A），按表 3-3-7 修正。

表 3-3-7　测量结果修正　　dB（A）

差值	3	4～5	6～10
修正值	−3	−2	−1

【工作任务实施记录与评价】

1. 工作质量检查记录

日期	主要任务	具体措施	完成情况	效果	备注
质量评价				评价成绩	
				时间	

2. 学徒关键职业能力及职业品质、工匠精神评价

项目	A	B	C	D
工作态度				
吃苦耐劳				
团队协作				
沟通交流				
认真负责				
科学严谨				
实事求是				

项目四
土壤污染监测

土壤是环境的重要组成部分，是人类生存的基础和活动的场所。为防止土壤污染，及时进行土壤污染监测是环境监测中的重要内容。土壤污染监测内容包括污染物的来源、特点、危害，试样的采集、制备和保存，以及对主要污染物进行监测。

【专业知识准备】

一、土壤污染

（一）土壤组成

土壤是覆盖于地球表面岩石圈上的薄薄的一层特殊物质。它是由地球表面的岩石在自然条件下经过长时期的风化作用而形成的。土壤的组成十分复杂。

从相态上分，土壤有固相、液相和气相。土壤固相包括土壤矿物质和土壤有机质，土壤矿物质占土壤的绝大部分，约占土壤固体总质量的 90%以上。土壤有机质占固体总质量的 1%～10%，一般在可耕性土壤中约占 5%，且绝大部分在土壤表层。土壤液相是指土壤中水分及其水溶物。土壤中有无数孔隙，充满空气，即土壤气相，典型土壤约有 35%的体积是充满空气的孔隙。所以土壤具有疏松的结构，如图 3-4-1 所示。

从土壤的化学组成上看，土壤中常量元素有碳、氢、硅、氮、硫、磷、钾、铝、铁、钙、镁等；微量元素有硼、氯、铜、锰、钼、钠、锌等。

从环境污染角度看，土壤又是“藏纳污垢”的场所，常含有各种生物的残体、排泄物、腐烂物以及来自大气、水及固体废物中的各种污染物、农药、肥料残留物等。

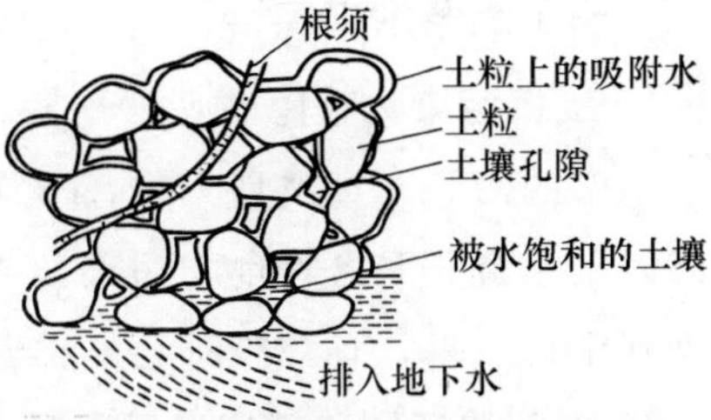

图 3-4-1　土壤中固、液、气相结构

（二）土壤污染源

土壤污染是指人类活动所产生的污染物质通过各种途径进入土壤，其数量超过了土壤的容纳和同化能力，而使土壤的性质、组成及性状等发生变化，并导致土壤的自然功能失调，土壤质量恶化的现象。土壤污染的明显标志是土壤生产能力降低，即农产品的产量和质量下降。土壤污染源可分为天然污染源和人为污染源两大类。天然污染源（自然污染源）是由于自然矿床中某些元素和化合物的富集超出了一般土壤含量时造成的地区性土壤污染；某些气象因素造成的土壤淹没、冲刷流失、风蚀；地震造成的"冒沙、冒黑水"；火山爆发的岩浆和降落的火山灰等，都可不同程度地污染土壤。本项目所述的土壤污染主要是指人类活动所造成的污染，其主要来自工业（城市）污水灌溉和固体废物（工业废物和城市垃圾）、农药和化肥、牲畜排泄物（寄生虫、病原体和病毒）以及大气沉降物（SO_2、NO_x、颗粒物）等。

（三）土壤污染物

凡是进入土壤并影响土壤的理化性质和组成，导致土壤的自然功能失调、土壤质量恶化的物质，统称为土壤污染物。土壤污染物的种类繁多，按污染物的性质一般可分为有机污染物、重金属、放射性元素和病原微生物四类。

（1）有机污染物　主要是化学农药，主要包括有机磷农药、有机氯农药、氨基甲酸酯类、苯氧羧酸类、苯酰胺类等，还包括石油、多环芳烃、多氯联苯、甲烷等。

（2）重金属　主要有 Hg、Cd、Cu、Zn、Cr、Pb、As、Ni、Co、Se 等。重金属不能被微生物分解，而且可为生物富集，自然净化过程和人工治理非常困难。

（3）放射性元素　主要来源于大气层核试验的沉降物，以及原子能和平利用过程中所排放的各种废气、污水和废渣，放射性元素主要有 Sr、Cs、U 等。放射性物质污染难以消除，只能靠其自然衰变为稳定元素，放射性元素也可通过食物链进入人体。

（4）病原微生物　主要包括病原菌和病毒，如肠细菌、寄生虫、霍乱病菌、破伤风杆菌、结核杆菌等，主要来源于人、畜的粪便及用于灌溉的污水（未经处理的生活污水，特别是医院污水）。

此外，某些非金属无机物如砷、氰化物、氟化物、硫化物等进入土壤后也能影响土壤的正常功能，降低农产品的产量和质量。

二、土壤污染特点和类型

（一）土壤污染特点

1. 土壤污染比较隐蔽

土壤的污染不直观且人的感觉器官不能发现，其是通过农作物，如粮食、蔬菜、水果以及家畜、家禽等食物污染，再通过人食用后身体的健康情况来反映的。从开始污染到出现后果，有一段时间很长的间接的逐步积累的隐蔽过程。

2. 土壤被污染和破坏以后很难恢复

土壤的污染和净化过程需要相当长的时间，而且重金属的污染是不可逆的过程，土壤一旦被污染后很难恢复，有时只能被迫改变用途或放弃。

3. 污染后果严重

严重的污染通过食物链危害动物和人体，甚至使人、畜失去赖以生存的基础。

4. 土壤污染的判定比较复杂

国内外尚未定出类似于水和大气的土壤污染判定标准。因为土壤中污染物质的含量与农作物生长发育之间的因果关系十分复杂，有时污染物质的含量超过土壤背景值很多，但并未影响植物的正常生长；有时植物生长已受影响，但植物内未见污染物的积累。

（二）土壤污染类型

1. 水体污染型

污染源是受污染的地表水体（工业废水和城市污水），被污染的水体所含的污染物十分复杂，必须追溯调查水体污染源。污染物大多以污水灌溉的形式从地面进入土壤，一般集中于土壤表层。但随着污水灌溉时间的延长，某些污染物质可能由上部向下部扩散和迁移，一直到达地下水。这是土壤污染的最重要发生类型，它的特点是沿河流或干渠呈树枝状或片状分布。

2. 大气污染型

污染物来自被污染的大气。其特点是以大气污染源为中心呈椭圆状或条状分布，长轴沿主风向伸长。其污染面积和扩散距离取决于污染物质的性质、排放量及形式。如西欧和中欧工业区采用高烟囱排放，二氧化碳、二氧化硫等酸性物质可扩散到北欧，使北欧地区土壤酸化。除酸性物质外，大气中污染物主要是重金属及放射性元素。大气污染型土壤的污染物质主要集中于表层 0～5 cm。

3. 农业污染型

污染物主要来自城市垃圾、厩肥、污泥、化肥、农药等。污染物的种类和污染的轻重与土壤的利用方式和耕作制度有关，主要污染物是农药和重金属，污染物质主要集中于表层耕作层（0～21）cm，其分布比较广泛。

4. 生物污染型

用由于污水灌溉，如城市污水（尤其是医院污水），或使用垃圾和厩肥等，使土壤受生物污染，成为某些病菌的发源地。

5. 固体废物污染型

土壤表面堆放或处理固体废物和废渣，通过大气扩散或降雨淋滤，使周围地区的土壤受到污染。

三、土壤监测目的

土壤监测是环境监测的重要内容之一，其目的是查清本底值，监测、预报和控制土壤环境质量。土壤污染监测结果对掌握土壤质量状况，实施土壤污染控制和质量管理有重要意义。

（1）判断土壤被污染状况，并预测发展变化趋势。

（2）确定污染的来源、范围和程度，为行政主管部门采取对策提供科学依据。

（3）充分利用土壤的净化能力，防止土壤污染，保护土壤生态环境。

（4）通过分析测定土壤中某些元素的含量，确定这些元素的背景值水平和变化趋势，了解元素的丰缺和供应情况，为保护土壤生态环境、合理施用微量元素肥料及地方病病因的探讨与防治提供依据。

四、土壤监测项目及监测频次

监测项目分基本项目、其他项目和选测项目。

1. 基本项目

为 GB 15618—2018《土壤环境质量　农用地土壤污染风险管控标准（试行）》和 GB 36600—2018《土壤环境质量　建设用地土壤污染风险管控标准（试行）》中列为基本项目并要求控制的污染物（表 3-4-1、表 3-4-2）。

表 3-4-1　农用地土壤污染风险筛选值（基本项目）　mg/kg

序号	污染物项目[a,b]		风险筛选值			
			pH≤5.5	5.5<pH≤6.5	6.5<pH≤7.5	pH>7.5
1	镉	水田	0.3	0.4	0.6	0.8
		其他	0.3	0.3	0.3	0.6
2	汞	水田	0.5	0.5	0.6	10
		其他	1.3	1.8	2.4	3.4
3	砷	水田	30	30	25	20
		其他	40	40	30	25
4	铅	水田	80	100	140	240
		其他	70	90	120	170
5	铬	水田	250	250	300	350
		其他	150	150	200	250
6	铜	果园	150	150	200	200
		其他	50	50	100	100
7	镍		60	70	100	190
8	锌		200	200	250	300

注：[a]重金属和类金属砷均按元素总量计。

[b]对于水旱轮作地，采用其中较严格的风险筛选值。

表 3-4-2　建设用地土壤污染风险筛选值和管制值（基本项目）　mg/kg

序号	污染物项目	CAS 编号	筛选值		管制值	
			第一类用地	第二类用地	第一类用地	第二类用地
重金属和无机物						
1	砷	7440-38-2	20*	60*	120	140
2	镉	7440-43-9	20	65	47	172
3	铬(六价)	18540-29-9	3.0	5.7	30	78
4	铜	7440-50-8	2 000	18 000	8 000	36 000
5	铅	7439-92-1	400	800	800	2 500
6	汞	7439-97-6	8	38	33	82
7	镍	7440-02-0	150	900	600	2 000
挥发性有机物						
8	四氯化碳	56-23-5	0.9	2.8	9	36
9	氯仿	67-66-3	0.3	0.9	5	10
10	氯甲烷	74-87-3	12	37	21	120
11	1,1-二氯乙烷	75-34-3	3	9	20	100
12	1,2-二氯乙烷	107-06-2	0.52	5	6	21
13	1,1-二氯乙烯	75-35-4	12	66	40	200
14	顺-1,2-二氯乙烯	156-59-2	66	596	200	2 000
15	反-1,2-二氯乙烯	156-60-5	10	54	31	163
16	二氯甲烷	75-09-2	94	616	300	2 000
17	1,2-二氯丙烷	78-87-5	1	5	5	47
18	1,1,1,2-四氯乙烷	630-20-6	2.6	10	26	100
19	1,1,2,2-四氯乙烷	79-34-5	1.6	6.8	14	50
20	四氯乙烯	127-18-4	11	53	34	183
21	1,1,1-三氯乙烷	71-55-6	701	840	840	840
22	1,1,2-三氯乙烷	79-00-5	0.6	2.8	5	15
23	三氯乙烯	79-01-6	0.7	2.8	7	20
24	1,2,3-三氯丙烷	96-18-4	0.05	0.5	0.5	5
25	氯乙烯	75-01-4	0.12	0.43	1.2	4.3
26	苯	71-43-2	1	4	10	40
27	氯苯	108-90-7	68	270	200	1 000
28	1,2-二氯苯	95-50-1	560	560	560	560
29	1,4-二氯苯	106-46-7	5.6	20	56	200

续表 3-4-2

序号	污染物项目	CAS 编号	筛选值		管制值	
			第一类用地	第二类用地	第一类用地	第二类用地
挥发性有机物						
30	乙苯	100-41-4	7.2	28	72	280
31	苯乙烯	100-42-5	1 290	1 290	1 290	1 290
32	甲苯	108-88-3	1 200	1 200	1 200	1 200
33	间-二甲苯+对-二甲苯	108-38-3,106-42-3	163	570	500	570
34	邻-二甲苯	95-47-6	222	640	640	640
半挥发性有机物						
35	硝基苯	98-95-3	34	76	190	760
36	苯胺	62-53-3	92	260	211	663
37	2-氯酚	95-57-8	250	2 256	500	4 500
38	苯并[*a*]蒽	56-55-3	5.5	15	55	151
39	苯并[*a*]芘	50-32-8	0.55	1.5	5.5	15
40	苯并[*b*]荧蒽	205-99-2	5.5	15	55	151
41	苯并[*k*]荧蒽	207-08-9	55	151	550	1 500
42	䓛	218-01-9	490	1 293	4 900	12 900
43	二苯并[*a*,*h*]蒽	53-70-3	0.55	1.5	5.5	15
44	茚并[1,2,3-*cd*]芘	193-39-5	5.5	15	55	151
45	萘	91-20-3	25	70	255	700

注：* 表示具体地块土壤中污染物检测含量超过筛选值，但等于或者低于土壤环境背景值水平的，不纳入污染地块管理。

2. 其他项目

《土壤环境质量　农用地土壤污染风险管控标准》和《土壤环境质量　建设用地土壤污染风险管控标准》中列为其他项目的污染物，可根据当地环境污染状况，确认在土壤中积累较多、对环境危害较大、影响范围广、毒性较强的污染物，或者污染事故对土壤环境造成严重不良影响的物质，具体监测项目由各地自行确定（表 3-4-3、表 3-4-4）。

表 3-4-3　农用地土壤污染风险筛选值（其他项目）　　mg/kg

序号	污染物项目	风险筛选值
1	六六六总量[a]	0.10
2	滴滴涕总量[b]	0.10
3	苯并[*a*]芘	0.55

注：[a]六六六总量为 α-六六六、β-六六六、γ-六六六、δ-六六六四种异构体的含量总和。

[b]滴滴涕总量为 *p*,*p*′-滴滴伊、*p*,*p*′-滴滴滴、*o*,*p*′-滴滴涕、*p*,*p*′-滴滴涕四种衍生物的含量总和。

表 3-4-4 建设用地土壤污染风险筛选值和管制值（其他项目） mg/kg

序号	污染物项目	CAS 编号	筛选值		管制值	
			第一类用地	第二类用地	第一类用地	第二类用地
			重金属和无机物			
1	锑	7440-36-0	20	180	40	360
2	铍	7440-41-7	15	29	98	290
3	钴	7440-48-4	20[a]	70[a]	190	350
4	甲基汞	22967-92-6	5.0	45	10	120
5	钒	7440-62-2	165[a]	752	330	1 500
6.	氰化物	57-12-5	22	135	44	270
			挥发性有机物			
7	一溴二氯甲烷	75-27-4	0.29	1.2	2.9	12
8	溴仿	75-25-2	32	103	320	1 030
9	二溴氯甲烷	124-48-1	9.3	33	93	330
10	1,2-二溴乙烷	106-93-4	0.07	0.24	0.7	2.4
			半挥发性有机物			
11	六氯环戊二烯	77-47-4	1.1	5.2	2.3	10
12	2,4-二硝基甲苯	121-14-2	1.8	5.2	18	52
13	2,4-二氯酚	120-83-2	117	843	234	1 690
14	2,4,6-三氯酚	88-06-2	39	137	78	560
15	2,4-二硝基酚	51-28-5	78	562	156	1 130
16	五氯酚	87-86-5	1.1	2.7	12	27
17	邻苯二甲酸二(2-乙基己基)酯	117-81-7	42	121	420	1 210
18	邻苯二甲酸丁基苄酯	85-68-7	312	900	3 120	9 000
19	邻苯二甲酸二正辛酯	117-84-0	390	2 812	800	5700
20	3,3′-二氯联苯胺	91-94-1	1.3	3.6	13	36
			有机农药类			
21	阿特拉津	1912-24-9	2.6	7.4	26	74
22	氯丹[b]	12789-03-6	2.0	6.2	20	62
23	*p*,*p*′-滴滴滴	72-54-8	2.5	7.1	25	71
24	*p*,*p*′-滴滴伊	72-55-9	2.0	7.0	20	70
25	滴滴涕[c]	50-29-3	2.0	6.7	21	67
26	敌敌畏	62-73-7	1.8	5.0	18	50
27	乐果	60-51-5	86	619	170	1 240

续表 3-4-4

序号	污染物项目	CAS 编号	筛选值		管制值	
			第一类用地	第二类用地	第一类用地	第二类用地
有机农药类						
28	硫丹[d]	115-29-7	234	1 687	470	3 400
29	七氯	76-44-8	0.13	0.37	1.3	3.7
30	α-六六六	319-84-6	0.09	0.3	0.9	3
31	β-六六六	319-85-7	0.32	0.92	3.2	9.2
32	γ-六六六	58-89-9	0.62	1.9	6.2	19
33	六氯苯	118-74-1	0.33	1	3.3	10
34	灭蚁灵	2385-85-5	0.03	0.09	0.3	0.9
多氯联苯、多溴联苯和二噁英类						
35	多氯联苯(总量)[e]		0.14	0.38	1.4	3.8
36	3,3′,4,4′,5-五氯联苯(PCB 126)	57465-28-8	4×10^{-5}	1×10^{-4}	4×10^{-4}	1×10^{-3}
37	3,3′,4,4′,5,5′-六氯联苯(PCB 169)	32774-16-6	1×10^{-4}	4×10^{-4}	1×10^{-3}	4×10^{-3}
38	二噁英类(总毒性当量)		1×10^{-5}	4×10^{-5}	1×10^{-4}	4×10^{-4}
39	多溴联苯(总量)		0.02	0.06	0.2	0.6
石油烃类						
40	石油烃($C_{10}\sim C_{40}$)		826	4 500	5 000	9 000

注：[a] 具体地块土壤中污染物检测含量超过筛选值，但等于或者低于土壤环境背景值水平的，不纳入污染地块管理。

[b] 氯丹为 α-氯丹、γ-氯丹两种物质含量总和。

[c] 滴滴涕为 *o*,*p*′-滴滴涕、*p*,*p*′-滴滴涕两种物质含量总和。

[d] 硫丹为 α-硫丹、β-硫丹两种物质含量总和。

[e] 多氯联苯（总量）为 PCB 77、PCB 81、PCB 105、PCB 114、PCB 118、PCB 123、PCB 126、PCB 156、PCB 157、PCB 167、PCB 169、PCB 189 十二种物质含量总和。

3. 选测项目

一般包括新纳入的在土壤中积累较少的污染物、由于环境污染导致土壤性状发生改变的土壤性状指标以及生态环境指标等，由各地自行选择测定。

五、土壤监测方法

土壤污染监测所用方法与水质、大气监测方法类似。常用方法有：①称量法，适用于测定土壤水分；②滴定法，适用于浸出物中含量较高的成分的测定，如 Ca^{2+}、Mg^{2+}、Cl^{-}、SO_4^{2-} 等；③分光光度法，适用于重金属如铜、镉、铬、铅、汞、锌等组分的测定；④气相色谱法，适用于有机氯、有机磷及有机汞等农药的测定，见表 3-4-5。

表 3-4-5 土壤中某些金属、非金属组分的溶解、测定方法

元素	溶解方法	测定方法	最低检出限/(mg/kg)
As	HNO_3-H_2SO_4 消化	比色法	0.5
Cd	HNO_3-HF-$HClO_4$ 消化	石墨炉原子吸收法	0.002
Cr	HNO_3-H_2SO_4-H_3PO_4 消化	比色法	0.25
	HNO_3-HF-$HClO_4$ 消化	原子吸收法	2.5
Cu	HCl-HF-HNO_3-$HClO_4$ 消化	原子吸收法	1.0
	HNO_3-HF-$HClO_4$ 消化	原子吸收法	1.0
Hg	H_2SO_4-$KMnSO_4$ 消化	冷原子吸收法	0.007
	HNO_3-H_2SO_4-V_2O_5 消化	冷原子吸收法	0.002
Mn	HNO_3-HF-$HClO_4$ 消化	原子吸收法	5.0
Pb	HCl-HF-HNO_3-$HClO_4$ 消化	原子吸收法	1.0
	HNO_3-HF-$HClO_4$ 消化	石墨炉原子吸收法	1.0
氟化物	Na_2CO_3-Na_2O_2 熔融法	电极法	5.0
氰化物	$Zn(Ac)_2$-酒石酸蒸馏法	分光光度法	0.05
硫化物	盐酸蒸馏法	比色法	2.0
有机氯农药	石油醚-丙酮萃取法	气相色谱法	40
有机磷农药	三氯甲烷萃取法	气相色谱法	40

六、土壤样品的制备和预处理

（一）土壤样品的制备

1. 土样的风干

除了测定游离挥发酚、硫化物等不稳定组分需要新鲜土样外，多数项目的样品需经风干后才能进行测定，风干后的样品容易混合均匀，分析结果的重复性、准确性都比较好。从野外采集的土壤样品运到实验室后，为避免受微生物的作用引起发霉变质，应立即将全部样品倒在洗刷干净、干燥的塑料薄膜上或瓷盘内进行自然风干。当达到半干状态时用玻璃棒把土块压碎，剔除碎石和动植物残体等杂物后铺成薄层，在室温下经常翻动，充分风干，要防止阳光直射和尘埃落入。

2. 磨碎与过筛

风干后的土样用玻璃棒或木棒碾碎后，过 2 mm 孔径尼龙筛，除去沙砾和植物残体。筛下样品反复按四分法（图 3-4-2）缩分，留下足够供分析用的数量，再用玛瑙研钵磨细，全部通过 100 目尼龙筛，过筛后的样品充分搅拌均匀，然后放入预先清洗、烘干并冷却后的小磨口玻璃瓶中以备分析用。制备样品时，必须避免样品受污染。

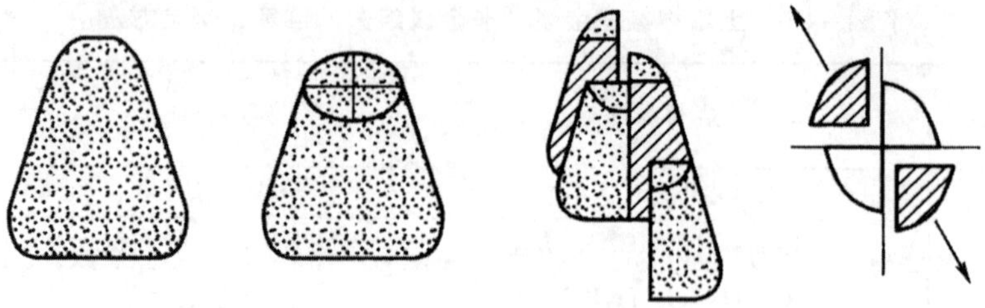

图 3-4-2　四分法制备土样

3. 土样的保存

将风干土样或标准土样等储存于洁净玻璃瓶或聚乙烯容器内。在常温、阴凉、干燥、避阳光、密封（石蜡涂封）条件下可保存 30 个月。

（二）土壤样品预处理

土壤样品的组成是很复杂的，其存在形态往往不符合分析测定的要求，所以在样品分析之前，根据分析项目的不同，首先要对样品进行适当的预处理，以使被测组分符合测定方法要求的形态、浓度和消除共存组分干扰。常用的预处理方法有湿法消化、干法灰化、溶剂提取和碱熔法。

分析土壤样品中的痕量无机物时，通常将其所含的大量有机物加以破坏，溶解悬浮性固体，将各种价态的测定元素氧化成高一价态或转变成易于分离的无机化合物，然后进行测定。这样可以排除有机物的干扰，提高检测精度。破坏有机物的方法有湿法消化和干法灰化两种。

1. 湿法消化

湿法消化又称湿法氧化。它是将土壤样品与一种或两种以上的强酸（如硫酸、硝酸、高氯酸等）共同加热浓缩至一定体积，使有机物分解成二氧化碳和水而被除去。为了加快氧化速度，可加入过氧化氢、高锰酸钾、过硫酸钾和五氧化二钒等氧化剂和催化剂。

常用的消化方法有以下几种：王水（盐酸-硝酸）消化、硝酸-硫酸消化、硝酸-高氯酸消化、硫酸-磷酸消化等。

2. 干法灰化

干法灰化又称燃烧法或高温分解法。根据待测组分的性质，选用铂、石英、银、镍或瓷坩埚盛放样品，将其置于高温电炉中加热，控制温度在 450～550 ℃，灼烧到残渣呈灰白色，使有机物完全分解，取出坩埚，冷却，用适量 2%硝酸或盐酸溶解样品灰分，过滤，滤液定容备用。对于易挥发的元素，如汞、砷等，为避免高温灰化损失，可用氧瓶燃烧法进行灰化。此法是将样品包在无灰滤纸中，滤纸包钩挂在磨口塞的铂丝上，如图 3-4-3 所示。瓶中预先充入氧气和吸收液，将滤纸引燃后，迅速盖紧瓶塞，让其燃烧灰化，摇动瓶子让燃烧产物溶解于吸收液中，溶液供分析用。

3. 溶剂提取

分析土壤样品中的有机氯、有机磷农药和其他有机污染物时，由于这些污染物质的含量多数是微量的，如果要得到正确的分析结果，就必须在两方面采取措施：一方面是尽量使用灵敏度较高的先进仪器及分析方法；另一方面是利用较简单的仪器设备，对环境分析样品进行浓缩、富集和分离。常用的方法是溶剂提取法。用溶剂将待测组分从土壤样品中提取出来，提取液供分析用。

（1）振荡浸取法　将一定量经制备的土壤样品置于容器中，加入适当的溶剂，放置在振荡器上振荡一定时间，过滤，用溶剂淋洗样品，或再提取一次，合并提取液。此法用于土壤中酚、油类等的提取。

（2）索式提取法　索式提取器（图 3-4-4）是提取有机物的有效仪器，它主要用于提取土壤样品中苯并芘、有机氯农药、有机磷农药和油类等。将经过制备的土壤样品放入滤纸筒中或用滤纸包紧，置于回流提取器内。蒸发瓶中盛装适当有机溶剂，仪器组装好后，在水浴上加热。此时，溶剂蒸气经支管进入冷凝器内，凝结的溶剂滴入回流提取器，对样品进行浸泡提取，当溶剂液面达到虹吸管顶部时，含提取液的溶剂回流入蒸发瓶中，如此反复进行直到提取结束。选取什么样的溶剂，应根据分析对象来定。例如，极性小的有机氯农药采用极性小的溶剂（如己烷、石油醚），对极性强的有机磷农药和含氧除草剂用极性强的溶剂（如二氯甲烷、三氯甲烷）。该法因样品都与纯溶剂接触，所以提取效果好，但较费时。

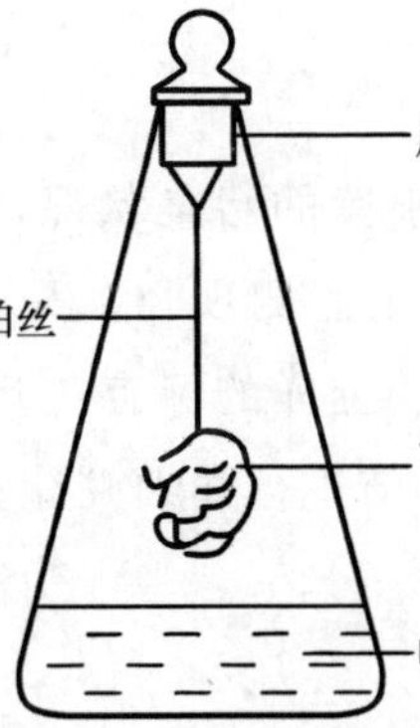

图 3-4-3　氧瓶燃烧法示意

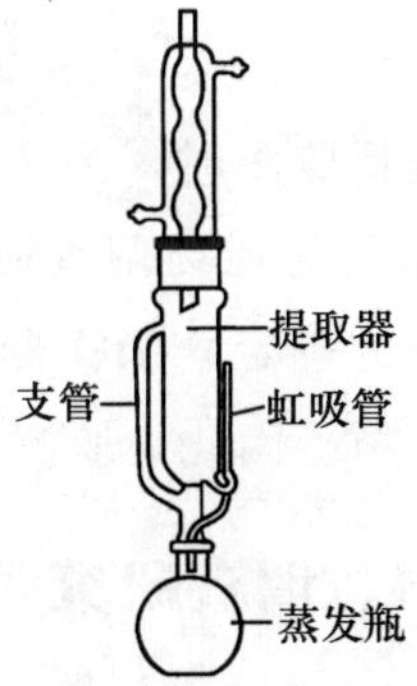

图 3-4-4　索式提取器

（3）柱色谱法　一般是当被分析样品的提取液通过装有吸附剂的吸附柱时，相应被分析的组分吸附在固体吸附剂的活性表面上，然后用合适的溶剂淋出来，达到浓缩、分离、净化的目的。常用的吸附剂有活性炭、硅胶、硅藻土等。

（4）碱熔法　碱熔法常用氢氧化钠和碳酸钠作为碱熔剂与土壤试样在高温下熔融，然后加水溶解。该法一般用于土壤中氟化物的测定，但该法添加了大量可溶性的碱熔剂，易引进污染物质，另外有些重金属如 Cd、Cr 等在高温熔融时易损失。

任务一　制订土壤污染监测方案

【任务目标与质量要求】

1. 熟悉常规土壤污染监测指标。

2. 熟悉常用的土壤污染物监测方法标准和相关技术规范，培养学生实事求是、科学严谨的职业品质。

3. 掌握采样前准备、采样点布设原则及方法，培养探索、发现思维，能充分运用所学知识进行综合分析，解决实际问题。

4. 掌握采样器的选择与使用方法，培养实际操作能力及互帮互助、团结协作的团队精神。

5. 掌握样品的运输、保存原则及方法，培养认真负责、吃苦耐劳的职业品质。

6. 掌握土壤污染监测方案的内容与制订方法。

【学习产出目标】

1. 制订一份土壤污染监测方案，并通过企业师傅的考核。

2. 快速、准确查找到所需的土壤污染监测方法和相关技术标准文本资料。

【任务实施】

在对土壤污染进行监测时，为了使样本能正确反映土壤的污染状况，即具有代表性，必须控制好采样前的现场调查研究和收集资料、确定监测项目、采样点的布设、采样时间和采样频率的确定、采样器和采样方法的选择、土样的保存与运输、样品的预处理等诸多关键环节。因此，监测方案需对上述关键环节进行详细设计。

一、收集资料、调查研究

（1）收集包括监测区域的交通图、土壤图、地质图、大比例尺地形图等资料，供制作采样工作图和标注采样点位用。

（2）收集包括监测区域土类、成土母质等土壤信息资料。

（3）收集工程建设或生产过程对土壤造成影响的环境研究资料。

（4）收集造成土壤污染事故的主要污染物的毒性、稳定性以及如何消除等资料。

（5）收集土壤历史资料和相应的法律法规。

（6）收集监测区域工农业生产及排污、污灌、化肥农药施用情况资料。

（7）收集监测区域气候资料（温度、降水量和蒸发量）、水文资料。

（8）收集监测区域遥感与土壤利用及其演变过程方面的资料等。

二、监测项目

（1）背景值调查研究是为了了解土壤中各种元素的含量水平，要求监测项目多。

（2）污染事故监测仅测定可能造成土壤污染的项目。

（3）土壤质量监测应测定影响自然生态和植物正常生长及危害人体健康的物质。

（4）必测项目：镉、总汞、总砷、铅、总铬、pH。

三、采样点的布设

（一）布设原则

采样点布设遵循“随机”和“等量”原则。样品由总体中随机采集的一些个体所组成，个体之间存在差异，因此样品与总体之间，既存在同质的“亲缘”关系，样品可作为总体的代表，但同时也存在着一定程度的异质性，差异越小，样品的代表性越好；反之亦然。为了使采集的监测样品具有好的代表性，必须避免一切主观因素，使组成总体的个体有同样的机会被选入，即组成样品的个体应当随机地取自总体。此外，在一组需要相互比较的样品应当有同样的个体组成，否则样本大的个体所组成的样品，其代表性会大于样本少的个体组成的样品。所以“随机”和“等量”是决定样品具有同等代表性的重要条件。

（二）采样点布设方法

1. 简单随机

将监测单元分成网格，每个网格编上号码，决定采样点样品数后，随机抽取规定的数量的样品，其样本号码对应的网格号，即为采样点。随机数的获得可以利用掷骰子、抽签、查随机数表的方法。简单随机布点是一种完全不带主观限制条件的布点方法（图 3-4-5）。

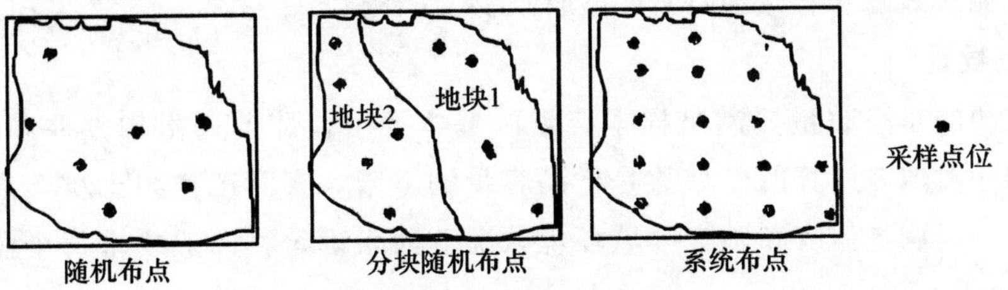

图 3-4-5　布点方式示意图

2. 分块随机

根据收集的资料，如果监测区域内的土壤有明显的几种类型，则可将区域分成几块，每块内污染物较均匀，块间的差异较明显。将每块作为一个监测单元，在每个监测单元内再随机布点。在正确分块的前提下，分块布点的代表性比简单随机布点好，如果分块不正确，分块布点可能会适得其反。

3. 系统随机

将监测区域分成面积相等的几部分（网格划分），每网格内布设一采样点，这种布点称为系统随机布点。如果区域内土壤污染物含量变化较大，系统随机布点比简单随机布点所采样品的代表性要好。

（三）采样点数量

1. 由均方差和绝对偏差计算样品数

用下列公式计算所需的样品数：

$$N=\frac{t^2 s^2}{D^2}$$

式中，N——样品数；

t——选定置信水平（土壤环境监测一般选定为95%）及一定自由度下的 t 值；

s^2——均方差，可从先前的其他研究或者以极差 R ［$s^2=(R/4)^2$］估计；

D——可接受的绝对偏差。

2. 由变异系数和相对偏差计算样品数

$$N=\frac{t^2\cdot s^2}{D^2}$$

可变为：

$$N=\frac{t^2\cdot CV^2}{m^2}$$

式中，N——样品数；

t——选定置信水平（土壤环境监测一般选定为95%）及一定自由度下的 t 值；

CV——变异系数（%），可以先前的其他研究资料估计；

m——可接受的相对偏差（%），土壤环境监测一般限定为20%～30%。

没有历史资料的地区、土壤变异程度不太大的地区，一般 CV 可用10%～30%粗略估计，监测有效磷和有效钾时 CV 可取50%。

3. 布点数量

土壤监测的布点数量要满足样本容量的基本要求，即上述由均方差和绝对偏差、变异系数和相对偏差计算的样品数是样品容量的下限，实际工作中土壤布点数量还要根据调查目的、调查精度和调查区域环境状况等因素确定。一般要求每个监测单元最少设3个点。

（1）区域土壤环境监测采集　区域土壤环境调查按调查的精度不同可从2.5 km、5 km、10 km、20 km、40 km中选择网距，按网格布点，区域内的网格线交叉点数即为土壤采样点数量。

（2）农田土壤环境监测采集　一般农田土壤环境监测采集耕作层土样，种植一般农作物采 0～20 cm 土层，种植果林类农作物采 0～60 cm。为了保证样品的代表性，减少监测费用，采取采集混合样的方法。每个土壤单元设 3～7 个采样区，单个采样区可以是自然分割的一个田块，也可以由多个田块所构成，其范围以 200 m×200 m 左右为宜。每个采样区的样品为农田土壤混合样。混合样的采集主要有 4 种方法（图 3-4-6）：

①对角线法　适用于污灌农田土壤，对角线分 5 等份，以等分点为采样点。

②梅花点法　适用于面积较小，地势平坦，土壤组成和受污染程度相对比较均匀的地块，设点 5 个左右。

③棋盘式法　适宜中等面积、地势平坦、土壤不够均匀的地块，设点 10 个左右；受污泥、垃圾等固体废物污染的土壤，采样点应在 20 个以上。

④蛇形法　适宜于面积较大、土壤不够均匀且地势不平坦的地块，设点 15 个左右，多用于农业污染型土壤。各采样点样品混匀后用四分法取 1 kg 土样装入样品袋，多余部分弃去。

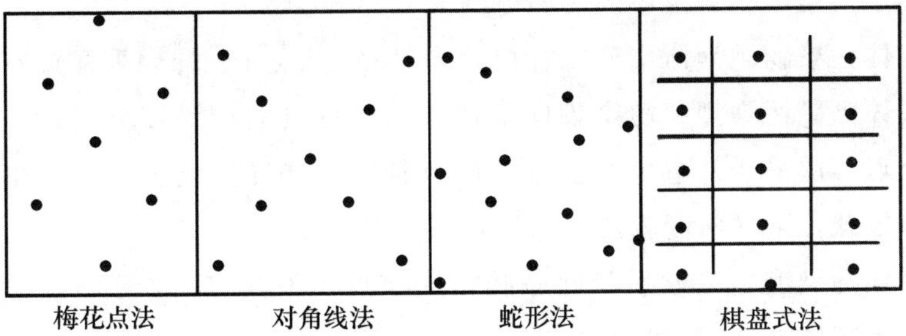

图 3-4-6　混合土壤采样点布设示意图

(3) 建设项目土壤环境评价监测采样　每 100 hm^2 占地设不少于 5 个且总数不少于 5 个采样点，其中小型建设项目设 1 个柱状样采样点，大中型建设项目不少于 3 个柱状样采样点，特大型建设项目或对土壤环境敏感的建设项目不少于 5 个柱状样采样点。

①非机械干扰土　如果建设工程或生产没有翻动土层，表层土受污染的可能性最大，但不排除对中下层土壤的影响。生产或者将要生产导致的污染物，以工艺烟雾（尘）、污水、固体废物等形式污染周围土壤环境，采样点以污染源为中心放射状布设为主，在主导风向和地表水的径流方向适当增加采样点（离污染源的距离远于其他点）；以水污染型为主的土壤按水流方向带状布点，采样点自纳污口起由密渐疏；综合污染型土壤监测布点采用综合放射状、均匀、带状布点法。此类监测不采混合样，混合样虽然能降低监测费用，但损失了污染物空间分布的信息，不利于掌握工程及生产对土壤影响的状况。

表层土样采集深度 0～20 cm。每个柱状样取样深度都为 100 cm，分取 3 个土样：表层样（0～20 cm）、中层样（20～60 cm）、深层样（60～100 cm）。

②机械干扰土　由于建设工程或生产中，土层受到翻动影响，污染物在土壤纵向

分布不同于非机械干扰土。采样点布设同区域土壤。各点取 1 kg 装入样品袋，样品标签和采样记录等要求同区域土壤。采样总深度由实际情况而定。

（4）城市土壤采样　城市土壤是城市生态的重要组成部分，虽然城市土壤不用于农业生产，但其环境质量对城市生态系统影响极大。城区内大部分土壤被道路和建筑物覆盖，只有小部分土壤栽植草木，由于其复杂性，分两层采样：上层（0～30 cm）可能是回填土或受人为影响大的部分，下层（30～60 cm）受人为影响相对较小。两层分别取样监测。

城市土壤监测点以网距 2 000 m 的网格布设为主，功能区布点为辅，每个网格设一个采样点。对于专项研究和调查，采样点可适当加密。

（5）污染事故监测土壤采样　污染事故不可预料，接到举报后应立即组织采样。现场调查和观察，确定土壤被污染时间，根据污染物及其对土壤的影响确定监测项目，污染事故的特征污染物是监测的重点。据污染物的颜色、印渍和气味结合地势、风向等因素初步界定污染事故对土壤的污染范围。

如果是固体污染物抛洒污染型，打扫后采集表层 5 cm 土样，采样点不少于 3 个。

如果是液体倾翻污染型，污染物向低洼处流动的同时向深度方向渗透并向两侧横向扩散，每个点分层采样，事故发生点采样点较密，采样深度较深，离事故发生点相对远处采样点较疏，采样深度较浅。采样点不少于 5 个。

如果是爆炸污染型，以放射状同心圆方式布点，采样点不少于 5 个，爆炸中心采分层样，周围采表层土（0～20 cm）。

污染事故土壤监测要设定 2～3 个背景对照点，各点（层）取 1 kg 土样装入样品袋，有腐蚀性或要测定挥发性化合物，改用广口瓶装样。含易分解有机物的待测定样品，采集后置于低温（冰箱）中，直至运送、移交到分析室。

四、监测频率

土壤监测项目与监测频率见表 3-4-6。常规项目可按当地实际适当降低监测频率，但不可低于 5 年一次，选测项目可按当地实际适当提高监测频率。

五、监测方法

（一）土壤样品预处理

土壤样品组分复杂，污染组分含量低，并且处于固体状态。需要处理成液体状态和将欲测组分转变为符合测定方法要求的形态、浓度，以及消除共存组分的干扰。受重金属污染的农田土壤样品的预处理方法主要是分解法。

表 3-4-6 土壤监测项目与监测频率

<table>
<tr><th colspan="2">项目类别</th><th>监测项目</th><th>监测频率</th></tr>
<tr><td rowspan="2">常规项目</td><td>基本项目</td><td>pH、阳离子交换量</td><td rowspan="2">每 3 年一次，农田在夏收或秋收后采样</td></tr>
<tr><td>重点项目</td><td>镉、铬、汞、砷、铅、铜、锌、镍、六六六、滴滴涕</td></tr>
<tr><td colspan="2">特定项目（污染事故）</td><td>特征项目</td><td>及时采样，根据污染物变化趋势决定监测频次</td></tr>
<tr><td rowspan="4">选测项目</td><td>影响产量项目</td><td>全盐量、硼、氟、氮、磷、钾等</td><td rowspan="4">每 3 年一次，
农田在夏收或秋收后采样</td></tr>
<tr><td>污水灌溉项目</td><td>氰化物、六价铬、挥发酚、烷基汞、苯并[a]芘、有机质、硫化物、石油等</td></tr>
<tr><td>持久性有机污染物与高毒类农药</td><td>苯、挥发性卤代烃、有机磷农药、多氯联苯、杂环胺等</td></tr>
<tr><td>其他项目</td><td>结合态铝（酸雨区）、硒、钒、氧化稀土总量、钼、铁、锰、镁、钙、钠、铝、硅、放射性比活度等</td></tr>
</table>

土壤样品分解法有酸分解法、碱熔分解法、高压釜分解法、微波炉分解法等。分解法的作用是破坏土壤的矿物晶格和有机质，使待测元素进入试样溶液中。

（二）分析测定方法

1. 土壤水分测定

过 1 mm 筛孔土样，105 ℃烘干至恒重。

2. pH 测定

玻璃电极法测定土壤浸出液的 pH。10 g 土样加 25 mL 无二氧化碳蒸馏水，搅拌 1 min，静置 30 min，测混浊液的 pH。

注意避免空气中氨、二氧化碳等酸碱气体影响；风干会导致二氧化碳损失。

3. 可溶性盐分的测定

可溶性盐分是用一定量的水从一定量的土壤中经过一定时间浸提出的可溶解性盐类，其直接影响作物的萌发和生长。

可溶性盐分测定方法：重量法、密度计法、电导率法、阴阳离子总和计算法等。

重量法测定可溶性盐分：1 000 g 土样加入 500 mL 无二氧化碳蒸馏水，振荡提取，抽滤，滤液水浴蒸干、烘干。所得残渣用过氧化氢去除有机物后，称重。

4. 土壤金属化合物测定

土壤金属化合物测定与水体金属化合物测定基本相同，主要差别是预处理和测定条件。主要方法有以下几种。

（1）火焰原子吸收法　主要测定铜、总铬、铁、锰、总钾。

（2）石墨炉原子吸收法　主要测定镉、铅。

（3）氢化物-原子荧光法　主要测定总砷、总硒。

（4）分光光度法　主要测定总砷、总铬、有效硼、总硼、总钼。

（5）冷原子吸收法　主要测定总汞。

六、样品流转

1. 装运前核对

在采样现场，样品必须逐件与样品登记表、样品标签和采样记录进行核对，核对无误后分类装箱。

2. 运输中防损

运输过程中严防样品的损失、混淆和污染。对光敏感的样品应有避光外包装。

3. 样品交接

由专人将土壤样品送到实验室，送样者和接样者双方同时清点核实样品，并在样品交接单上签字确认，样品交接单由双方各存一份备查。

七、样品保存

按样品名称、编号和粒径分类保存。

1. 新鲜样品的保存

对于含易分解或易挥发等不稳定组分的样品要采取低温保存的运输方法，并尽快送到实验室分析测试。测试项目需要新鲜样品的土样，采集后用可密封的聚乙烯或玻璃容器在 4 ℃以下避光保存，样品要充满容器。避免用含有待测组分或对测试有干扰的材料制成的容器盛装保存样品，测定有机污染物用的土壤样品要选用玻璃容器保存。具体保存条件见表 3-4-7。

2. 预留样品

预留样品在样品库造册保存。

3. 分析取用后的剩余样品

分析取用后的剩余样品，待测定全部完成数据报出后，也移交样品库保存。

4. 保存时间

分析取用后的剩余样品一般保留半年，预留样品一般保留 2 年。特殊、珍稀、仲裁或有争议的样品一般要永久保存，具体可保存时间见表 3-4-7。

5. 样品库要求

保持干燥、通风、无阳光直射、无污染；要定期清理样品，防止霉变、鼠害及标签脱落。样品入库、领用和清理均需记录。

表 3-4-7 新鲜样品的保存条件和保存时间

测试项目	容器材质	温度/℃	可保存时间/天	备注
金属(汞和六价铬除外)	聚乙烯、玻璃	<4	180	
汞	玻璃	<4	28	
砷	聚乙烯、玻璃	<4	180	
六价铬	聚乙烯、玻璃	<4	1	
氰化物	聚乙烯、玻璃	<4	2	
挥发性有机物	玻璃(棕色)	<4	7	采样瓶装满装实并密封
半挥发性有机物	玻璃(棕色)	<4	10	采样瓶装满装实并密封
难挥发性有机物	玻璃(棕色)	<4	14	

八、布置任务

根据以上学习内容，设计一份土壤环境监测方案，方案内容包括但不仅限于监测目的、监测地点与时间、监测项目、采样频率、采样方法、样品运输与保存等。方案制订完成后需由企业师傅进行考评，考评通过方可开始下一项任务的学习。土壤环境监测方案样例、考核评价内容详见表 3-4-8、表 3-4-9。

表 3-4-8 土壤环境监测方案

一、监测目的(目的应明确、清晰)
二、监测地点与时间(地点明确，时间具体)
三、监测项目(根据监测目的选取合适的监测项目)
四、采样工具(包括采样所需工具的名称、数量、规格等)

续表 3-4-8

五、采样人员（包括采样人员姓名、职务或职称、工作单位、人员分工等）
六、采样方法（清晰阐述具体的操作方法及过程）
七、样品运输与保存（明确样品的保存方法及运输工具）
八、分析测定方法（分别列出各项指标的分析测定方法）
九、采样频率（要求明确采样频率的大小）
十、采样安全与质控措施

注：可另附页。

表 3-4-9　考核评价表

学徒姓名		任务名称		考核时间	
师傅指导记录				评价成绩	
评价项目	内容	标准分值	评定分值	备注	
学风	积极参与各项学习活动，态度端正，遵规守纪，刻苦钻研，善于沟通交流，任务完成度高	10			
方案内容完整性	内容充实，要素齐全，描述清晰准确，体现新技术、新标准、新要求，针对性强	40			
方案的可行性	符合相关环境标准和技术规范，符合各项环境要求，实用性强	35			
方案的经济合理性	费用-效益分析合理，技术路线清晰，技术装备齐全	15			

任务二　采集、运输和制备样品

【任务目标与质量要求】

1. 熟悉土壤监测相关技术规范，培养实事求是、遵规守纪、科学严谨的职业品质。

2. 掌握采样方式、采样器的规范化使用、采样频率、样品运输要求，培养善于发现和解决问题的能力。

3. 能够按照技术规范完成各类样品的采集与现场监测任务，培养吃苦耐劳、互帮互助、团结协作的团队精神。

4. 能够按要求完成土样的运输与交接任务，培养认真负责的职业品质。

【学习产出目标】

1. 完成土壤样品的采集与运输任务，并通过企业师傅的考核。

2. 规范、准确填写采样记录和样品交接记录。

【任务实施】

本项任务是按照已制订的土壤环境监测方案在指定采样点完成土壤样品的采集。同时做好采样记录，并填写、粘贴土壤采样标签。区域环境背景土壤采样具体工作一般包括采样前准备、野外选点、样品采集、样品保存、采样结束前核查、现场监测项目测定、土样运输与交接等。

一、采样前的准备

1. 确定采样负责人

采样负责人主要负责组织实施采样计划。

2. 收集样品采集相关资料

了解采样地详细情况。

3. 现场踏勘

将调查得到的信息进行整理和利用，丰富采样工作图的内容。

4. 采样器材、文具、安全防护用品、采样用车辆的准备

包括GPS、罗盘、照相机、胶卷、卷尺、铝盒、样品袋、样品箱、样品标签、采样记录表、铅笔、资料夹、工作服、工作鞋、安全帽、药品箱、采样用车辆等。

二、野外选点

首先，采样点的自然景观应符合土壤环境背景值研究的要求。采样点选在被采土壤类型特征明显的地方，地形相对平坦、稳定，植被良好；坡脚、洼地等具有从属景观特征的地点不设采样点；城镇、住宅、道路、沟渠、粪坑、坟墓附近等处人为干扰大，土壤失去代表性，不宜设采样点；采样点离铁路、公路至少 300 m 以上；采样点以剖面发育完整、层次较清楚、无侵入体为准，不在水土流失严重或表土被破坏处设采样点；选择不施或少施化肥、农药的地块作为采样点，以使样品点尽可能少受人为活动的影响；不在多种土类、多种母质母岩交错分布、面积较小的边缘地区布设采样点。

三、采样

（一）污染土壤样品的采集

1. 收集资料、调查研究

土壤是由固、液、气三相组成的，其主体是固体。污染物进入土壤后流动、迁移、混合都比较困难，因而污染土壤的均匀性更差。实践表明，土壤污染监测中采样误差往往超过分析误差对结果的影响。土壤污染采集地点、层次、方法、数量和时间等依据监测的目的决定。采样前要对监测地区进行调查研究，调查评价区域的自然条件（包括地质、地貌、植被、水文、气候等）、土壤性状（包括土壤类型、剖面特征、分布及物理化学特征等）、农业生产情况（包括土地利用、农作物生长情况与产量、耕作制度、水利、肥料和农药的施用等）以及污染历史与现状（通过水、气、农药、肥料等途径及矿床的影响）。

2. 采样点布设

在调查研究的基础上根据需要和可行性布设采样点，以代表一定面积的地区或地段，并挑选一定面积的非污染区作分析对照之用。每个采样点是一个采样分析单位，它必须能够代表被监测的一定面积的地区或地段的土壤。由于土壤本身在空间分布上具有一定的不均匀性，所以应多点采样并均匀混合成为具有代表性土壤样品。在同一采样分析单位里，区域面积在 1 000～1 500 m^2 的，可在不同方位上选择 5～10 个具有代表性的采样点。采样点的分布应尽量照顾土壤的全面情况，不可太集中。总之，采样布点的原则是要有代表性和对照性。

采集区域环境背景土壤样，需了解污染物在农田土壤中的垂直分布。可采表层样或土壤剖面。一般监测采集表层土，采样深度 0～20 cm，特殊要求的监测（土壤背景、环评、污染事故等）必要时选择部分采样点采集剖面样品。剖面的规格一般为长 1.5 m、宽 0.8 m、深 1.2 m。挖掘土壤剖面要使观察面向阳，表土和底土分两侧放置。

一般每个剖面采集 A、B、C 三层土样。地下水位较高时，剖面挖至地下水出露时为止；山地丘陵土层较薄时，剖面挖至风化层。

对 B 层发育不完整（不发育）的山地土壤，只采 A、C 两层。

干旱地区剖面发育不完善的土壤，在表层 5～20 cm、心土层 50 cm、底土层 100 cm 左右采样。

水稻土按照 A 耕作层、P 犁底层、C 母质层（或 G 潜育层、W 深育层）分层采样（图 3-4-7）。

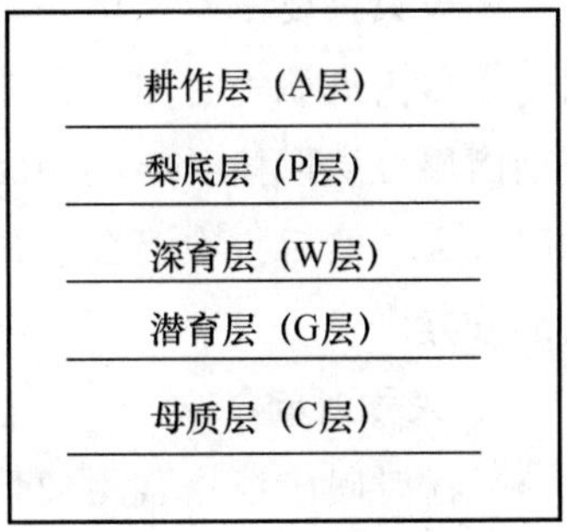

图 3-4-7 水稻土剖面示意图

采样点布设方式有如下几种，如图 3-4-8 所示。

（1）对角线布点法 如图 3-4-8（a）所示，该法适用于面积小、地势平坦的污水灌溉或受污染的水灌溉的田块。布点方法是由田块进水口向对角引一斜线，将此对角线三等分，以每等分的中央点作为采样点。可根据调查监测的目的、田块面积的大小和地形等条件做适当的变动。

（2）梅花形布点法 如图 3-4-8（b）所示，该法适用于面积较小、地势平坦、土壤较均匀的田块，中心点设在两对角线相交处，一般设 5～10 个采样点。

（3）棋盘式布点法 如图 3-4-8（c）所示，该法适用于中等面积、地势平坦、地形完整开阔、但土壤较不均匀的田块，一般采样点在 10 个以上。此法也适用于受固体废物污染的土壤，因固体废物分布不均匀，采样点需设 20 个以上。

（4）蛇形布点法 如图 3-4-8（d）所示，该法适用于面积较大，地势不太平坦，土壤不够均匀的田块。采样点数目较多。

（5）放射状布点法 如图 3-4-8（e）所示，该法适用于大气污染型土壤。以大气污染源为中心，向周围放射状布点。

（6）网格布点法 如图 3-4-8（f）所示，该法适用于地形平缓的地块。将地块划分成若干均匀网状方格，采样布点设在两条直线的交点处或方格的中心。农业污染型土

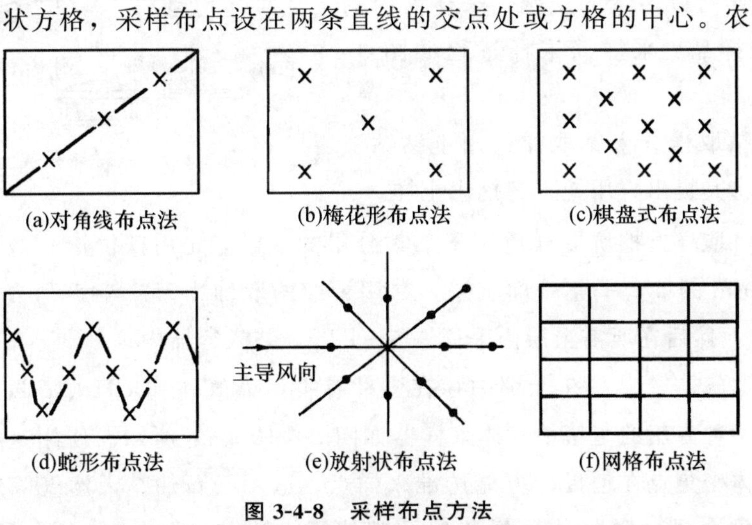

图 3-4-8 采样布点方法

壤、土壤背景值调查常用这种方法。

为全面客观评价土壤污染情况，要做到与土壤生长作物监测同步进行布点、采样、监测，以利于对比和分析。

如果只是要了解土壤一般污染情况，采样只需取由地面垂直向下 15 cm 左右的耕层土壤或由地面垂直向下在 15～20 cm 的土壤。如果要了解土壤污染深度，则应按土壤剖面层分层取样。土壤剖面指地面向下的垂直土体的切面，其采样次序是由下而上逐层采集，然后集中混合均匀。用于重金属分析项目的土样，应将和金属采样器接触的部分弃去。

3. 采样时间

采样时间应根据监测的目的和污染特点而定。为了解土壤污染状况，可随时采集土样测定。如果测定土壤的物理、化学性质，可不考虑季节的变化；如果调查土壤对植物生长的影响，应在植物的不同生长期和收获期同时采集土壤和植物样品；如果调查大气型污染，至少应每年取样一次；如果调查水体型污染，可在灌溉前和灌溉后分别取样测定；如果观察农药污染，可在用药前及植物生长的不同阶段或者作物收获期与植物样品同时采样测定。

4. 采样方法

采样前应根据调查目的和内容准备好必要的采样工具和器材。如土钻、土壤铲、平板铁锹、不锈钢刀、磨口玻璃瓶、防雨布袋、塑料袋、镊子、竹夹子、有机玻璃棒、广口瓶等。

（1）采样筒取样　采样筒取样适合表层土样的采集。将长 10 cm、直径 8 cm 金属或塑料的采样筒直接压入土层内，然后用铲子将其铲出，清除采样筒口多余的土壤，采样筒内的土壤即为所取样品。采样筒采样过程如图 3-4-9 所示。

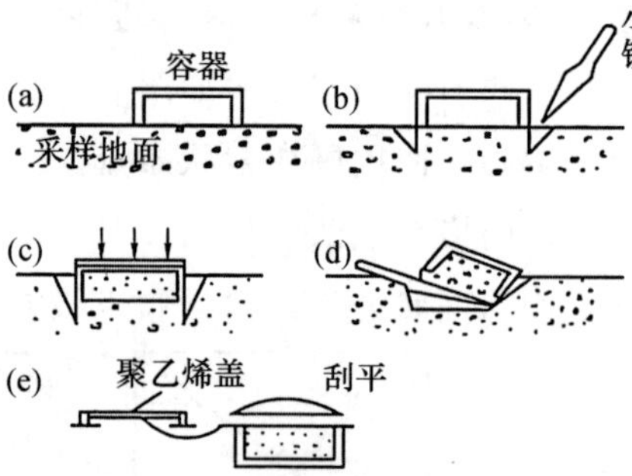

图 3-4-9　采样筒采集土样的过程

（2）土钻取样　土钻取样是用土钻钻至所需深度后，将其提出，用挖土勺挖出土样。

（3）挖坑取样　挖坑取样适用于采集分层的土样。先用铁铲挖一截面为 1.5 m× 1 m、深 1.0 m 的坑，平整一面坑壁，并用干净的取样小刀或小铲刮去坑壁表面 1～5 cm 厚的土，然后在所需土层内采样 0.5～1 kg，装入容器内。

（4）土壤气体取样　在土壤中存在多种有害污染气体如 CH_4、NH_3、H_2S、PH_3 等时适用。一种专用的土壤中气体采样器如图 3-4-10（a）所示。使用这种采样器，应预知地下气体密集点在何处，方能选准采样点。适用于石油、天然气等地下管路泄漏的事故性监测。另一种气体采样装置及其使用方法如图 3-4-10（b）所示，在 20～

30 cm 土层处埋设内装吸附剂的采样器。在经历 2～3 周采样后取出，将各种气体分别加热到各自的居里点，使气体脱附后，即可进入分析仪器进行分析。

5. 采样量

由于测定所需的土样是多点混合而成的，取样量往往较大，而实际供分析的土样不需要太多。具体需要量视分析项目而定，一般要求采 1 kg。因此，对多点采集的土壤，可反复按四分法缩分，最后留下所需的土样量，装入布袋或塑料袋中，贴上标签，做好记录。

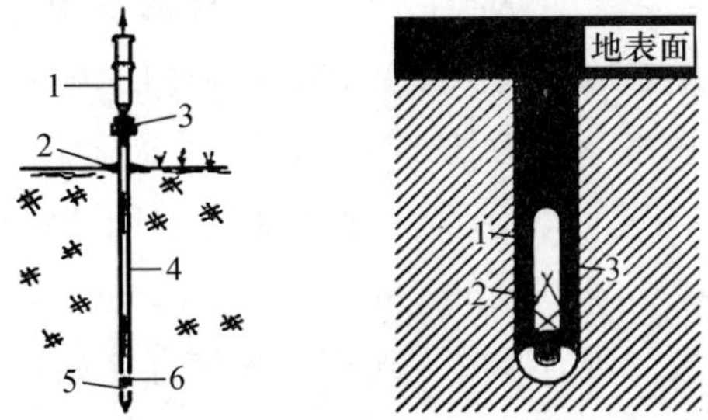

(a)　　(b)

1—Synder 柱　2—接管　3—锥形瓶　4—受热管　5—冷凝管　6—抽滤瓶

1—玻璃管　2—铁和磁线圈　3—活性炭

图 3-4-10　土壤中气体采样器

经过四分法后剩下的土样应装入布口袋或塑料袋中，写好两张标签，一张在袋内，一张扎在袋口上，标签上记载采样地点、深度、日期及采集人等。同时把有关该采样点的详细情况另做记录。

（二）土壤背景值样品的采集

土壤背景值又称土壤本底值。在环境科学中，土壤背景值是指在未受或少受人类活动影响下，尚未受或少受污染和破坏的土壤中元素的含量。土壤中有害元素自然背景值是环境保护和土地开发利用的基础资料，是环境质量评价的重要依据。当今，由于人类活动的长期积累和现代工农业的高速发展，自然环境中的化学成分及其含量水平发生了明显的变化，要想寻找一个绝对未受污染的土壤环境是十分困难的，因此土壤背景值实际上是一个相对的概念。

1. 采样点布设

采集土壤背景值样品时，采样点的选择必须能反映开发建设项目所在区域土壤及环境条件的实际情况，必须能代表区域土壤总的特征且远离污染源。

采集土壤背景值样品时，应先确定采样单元。采样单元的划分应根据监测目的、监测范围及实际工作所具有的条件等综合因素确定。我国的采样单元以土类和成土母质类型为主进行划分，因为不同类型的土类和成土母质中元素种类和含量相差较大。

不在水土流失严重或表土被破坏处设置采样点。采样点远离铁路、公路至少 300 m。

选择土壤类型特征明显的地点挖掘土壤剖面，要求剖面发育完整、层次清楚且无侵入体。

在耕地上采样，应了解作物种植及农药使用情况，选择不施或少施农药、肥料的地块作为采样单元，以尽量减少人为活动的影响。

其采样方法与污染土壤采样的不同之处是同一样点并不强调采集多点混合样，而是选取植物发育典型、代表性强的土壤采样。每个采样点均需挖掘土壤剖面进行采样，剖面规格一般为长 1.5 m、宽 0.8 m、深 1.0 m，每个剖面采集 A、B、C 三层土样。过渡层（AB、BC）一般不采样（图 3-4-11、图 3-4-12）。现场记录实际采样深度，如 0～20 cm、50～60 cm、100～115 cm。在各层次典型中心部位自下而上采样，切忌混淆层次、混合采样。对于植物发育完好的典型土壤，尤其应按层分别采样，以研究各元素在土壤中的分布。

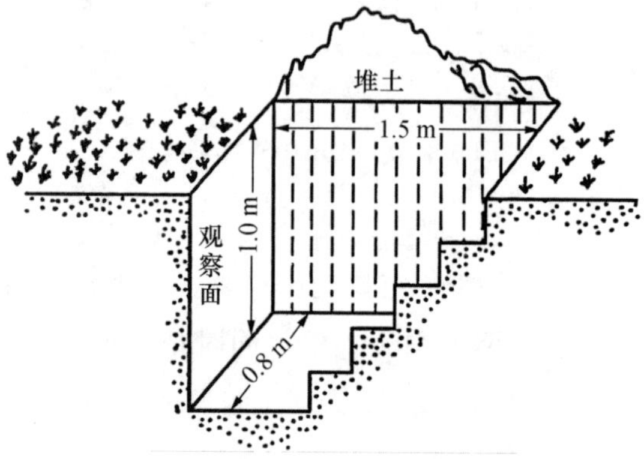

图 3-4-11　土壤剖面挖掘示意图

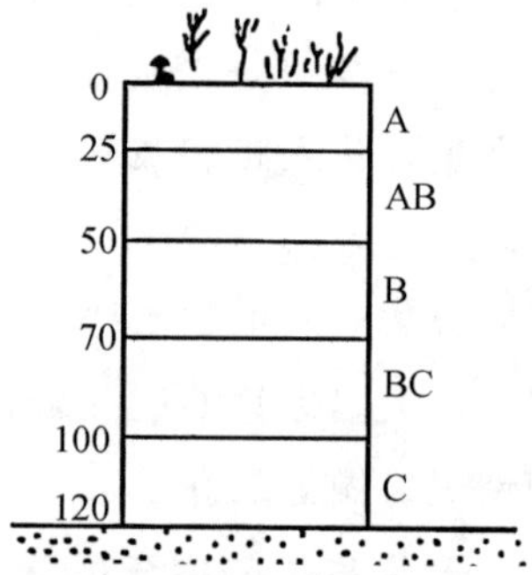

图 3-4-12　土壤剖面 A、B、C 层示意图
（单位：cm）

2. 采样点数目

通常采样点的数目与所监测地区范围的大小、监测任务所设定的精密度等因素有关。为使布点更趋合理，采样点数依据统计学原则确定，即在所选定的置信水平下，与所测项目测量值的标准差、要求达到的精密度有关。

通常一般类型土壤应有 3～5 个采样点，以便检验背景值的可靠性。土壤背景值采样要特别注意成土母质的作用，因为不同成土母质常使土壤的组成和含量发生很大的差异。

四、采样记录

采样的同时，由专人填写样品标签、采样记录；标签一式两份，一份放入袋中，一份系在袋口，标签上标注采样时间、地点、样品编号、监测项目、采样深度和经纬度。采样结束，需逐项检查采样记录、样袋标签和土壤样品，如有缺项和错误，及时补齐更正。将底土和表土按原层回填到采样坑中，方可离开现场，并在采样示意图上标出采样地点，避免下次在相同位置采集剖面样。

标签和采样记录见表 3-4-10 至表 3-4-12 及图 3-4-13。

表 3-4-10　土壤样品标签

样品编号：
采用地点：
采样层次：
特征描述：
采样深度：
监测项目：
采样日期：
采样人员：

表 3-4-11　土壤采样现场记录

<table>
<tr><td colspan="2">采样地点</td><td></td><td>东经</td><td></td><td>北纬</td><td></td></tr>
<tr><td colspan="2">样品编号</td><td></td><td colspan="2">采样日期</td><td colspan="2"></td></tr>
<tr><td colspan="2">样品类别</td><td></td><td colspan="2">采样人员</td><td colspan="2"></td></tr>
<tr><td colspan="2">采样层次</td><td></td><td colspan="2">采样深度</td><td colspan="2"></td></tr>
<tr><td rowspan="3">样品描述</td><td>土壤颜色</td><td></td><td colspan="2">植物根系</td><td colspan="2"></td></tr>
<tr><td>土壤质地</td><td></td><td colspan="2">沙砾含量</td><td colspan="2"></td></tr>
<tr><td>土壤湿度</td><td></td><td colspan="2">其他异物</td><td colspan="2"></td></tr>
<tr><td colspan="2">采样点示意图</td><td></td><td colspan="2">植被描述
（自下而上）</td><td colspan="2"></td></tr>
</table>

表 3-4-12　土壤采样记录

<table>
<tr><td rowspan="2">编号</td><td rowspan="2">采样地点</td><td rowspan="2">采样时间</td><td rowspan="2">采样深度</td><td colspan="2">气象参数</td><td rowspan="2">感官指标描述</td><td rowspan="2">备注</td></tr>
<tr><td>气温</td><td>相对湿度</td></tr>
<tr><td></td><td></td><td></td><td></td><td></td><td></td><td></td><td></td></tr>
<tr><td></td><td></td><td></td><td></td><td></td><td></td><td></td><td></td></tr>
<tr><td></td><td></td><td></td><td></td><td></td><td></td><td></td><td></td></tr>
<tr><td></td><td></td><td></td><td></td><td></td><td></td><td></td><td></td></tr>
<tr><td>现场情况描述</td><td colspan="7"></td></tr>
</table>

采样人员：　　　　　　　　　　　　　　采样日期：

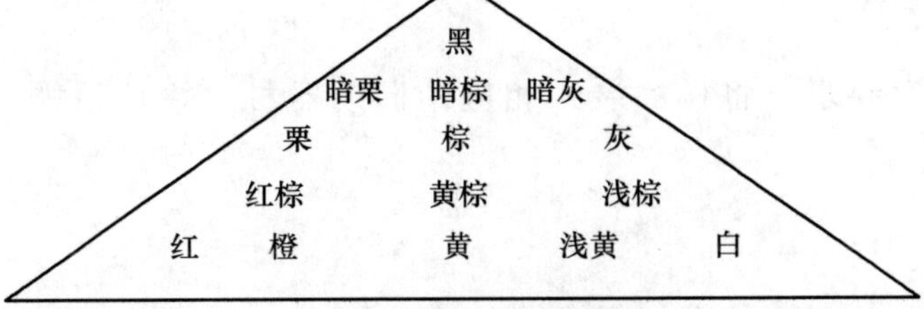

图 3-4-13　土壤颜色三角

五、样品制备

制样者（制备过程中需填写样品制备日常检查记录，见表 3-4-13）与样品管理员同时核实、清点、交接样品，在样品交接单上双方签字确认。

表 3-4-13　土壤样品制备日常检查记录

样品编号	送样单及样品核对情况	原始样是否存在质量问题	风干过程是否受污染	研磨后样品质量是否满足要求	处理意见

制样人员：　　　　　　　　检查人员：　　　　　　　　日期：

六、样品流转

1. 装运前核对

在采样现场样品必须逐件与样品登记表、样品标签和采样记录进行核对，核对无误后分类装箱。

2. 运输中防损

运输过程中严防样品的损失、混淆和污染。对光敏感的样品应有避光外包装。

3. 样品交接

由专人将土壤样品送到实验室，送样者和接样者双方同时清点、核实样品，并在样品交接记录上签字确认（表 3-4-14），样品交接记录由双方各存一份备查。

七、样品保存

根据样品保存要求，将样品装入相应的同期器材，并粘贴样品保存标签（图 3-4-14）。

表 3-4-14　土壤样品交接记录

样品编号	采样量是否符合要求	样品瓶/袋是否完好	样品数量		标签是否完好整洁	交接人		交接日期
			袋	瓶		送样人	接收人	

样品编号：
采样地点：
采样深度：
土壤类型：
土壤粒径：
土地利用类型：
采样日期：
制样人员：

图 3-4-14　土壤样品保存标签

八、布置任务

根据以上学习内容，完成土壤样品的采集任务，并及时填写采样记录表、样品交接记录表，任务完成后需由企业师傅进行考评，考评通过方可开始下一项任务的学习。考核评价内容详见表 3-4-15。

表 3-4-15　考核评价表

学徒姓名		任务名称		考核时间	
师傅指导记录				评价成绩	
评价项目	内容		标准分值	评定分值	备注
学风	积极参与各项学习活动，态度端正，遵规守纪，刻苦钻研，善于沟通交流，任务完成度高		10		
采样前的准备	采样工具准备齐全、采样容器规范且干净、仪器设备完好		10		
采集样品	操作方法符合采样技术规范，采样位置准确，样品保存方法正确，现场测定项目结果准确，土样标签填写、粘贴恰当		40		
采样记录	规范填写采样记录表、采样现场数据记录表，无涂改与损坏		25		
样品运输与交接	运输工具选择合理，样品运送及时，样品交接记录表填写规范，样品无丢失、损坏或过期		15		

任务三　分析测定样品

【任务目标与质量要求】

1. 熟悉监测技术国家标准，培养实事求是、与时俱进、科学严谨的职业品质。

2. 掌握监测数据的统计处理、监测结果表达方法，培养认真负责、精益求精和实事求是的职业品质。

3. 掌握各项监测指标的测定原理、步骤及测定仪器的操作方法，提升仪器操作的技能，并通过实操达到对理论知识的巩固。

4. 能够按照标准分析方法完成各项指标的分析测定任务，培养实际操作能力及吃苦耐劳、任劳任怨、团结协作的团队精神。

5. 能够采取适当的质量控制措施，培养质量意识和安全意识。

【学习产出目标】

1. 完成土壤中镉、有机氯农药（PCB）、土壤有机质的分析测定任务，并通过企业师傅的考核。

2. 规范、准确填写原始记录表。

【任务实施】

子任务一　土壤中镉的测定

一、学习目的

（1）了解仪器的工作条件，学会镉标准溶液的配制。

（2）掌握原子吸收分光光度法的原理和测定方法。

二、测定原理

土壤样品消化液中成分比较复杂，原子吸收分光光度法灵敏度高、选择性好、操作简单快速，对于易产生背景吸收的样品一般利用塞曼效应扣除背景值，可有效地消除干扰。火焰原子吸收分光光度法的检出限远低于消化液中镉的最高允许浓度，因此，消化液一般可直接喷入空气-乙炔焰中进行测定。

将土壤样品用硝酸-氢氟酸-高氯酸或盐酸-硝酸-氢氟酸-高氯酸混酸体系消化后，将消化液直接喷入空气-乙炔火焰，在一定的温度下消化液中被测元素由分子态离解或还原成基态原子蒸气，原子蒸气对锐线光源（空心阴极灯或无极放电灯）发射的特征电磁辐射谱线产生选择性吸收，在一定条件下试液的吸光度与试样中被测元素的浓度成正比，根据这种关系即可定量测得土壤中重金属元素镉的含量。

原子吸收分光光度法适用于高背景土壤（必要时应消除基体元素干扰）和受污染土壤中重金属的测定。

三、仪器和试剂

（1）原子吸收分光光度计　空气-乙炔火焰原子化器；镉空心阴极灯。

（2）仪器工作条件　测定波长 228.8 nm；通带宽度 1.3 nm；灯电流 7.5 mA，火焰类型空气-乙炔氧化型蓝色火焰；火焰高度 7.5 mm；乙炔和空气体积配比 1∶4。

(3) 硝酸溶液 (1+5)。

(4) 镉标准储备液 (1.00 mg/mL) 准确称取 0.500 0 g 高纯度或光谱纯金属镉粉于 100 mL 烧杯里，加入 25 mL (1+5) 的硝酸溶液微热溶解，待溶液冷却后转移到 500 mL 容量瓶中，用去离子水稀释并定容。

(5) 镉标准操作液　分别吸取 10.00 mL 镉标准储备液于 100 mL 容量瓶中，用去离子水稀释至标线，摇匀备用。吸取 5.00 mL 稀释后的标准液于另一个 100 mL 容量瓶中，用去离子水稀释至标线，即得镉含量为 5 g/mL 的标准操作液。

(6) 优级纯试剂　浓盐酸 ρ_{20}=1.19 g/mL；浓硝酸 ρ_{20}=1.42 g/mL；氢氟酸 ρ_{20}=1.13 g/mL；高氯酸 ρ_{20}=1.68 g/mL。

四、操作步骤

（一）土样试液的制备

准确称取 0.500 0～1.000 0 g 土样于 25 mL 聚四氟乙烯坩埚中，用少许去离子水润湿，加入 10 mL 浓盐酸，在电热板上加热消化 2 h，然后加入 15 mL 浓硝酸，继续加热至溶解物剩余约 5 mL 时，再加入 5 mL 氢氟酸并加热分解除去硅化合物，最后加入 5 mL 高氯酸加热 (<200 ℃) 至消解物呈淡黄色时，打开瓶盖，蒸至近干。取下冷却，加入硝酸 (1+5) 1 mL 微热溶解残渣，移入 50 mL 容量瓶中，用去离子水定容。同时进行全程序试剂空白实验。

（二）标准曲线法

1. 标准曲线的绘制

吸取镉标准操作液 0、0.50 mL、1.00 mL、2.00 mL、3.00 mL、4.00 mL 分别于 6 个 50 mL 容量瓶中，用硝酸 (1+499) 溶液 (取 1 mL 优级纯硝酸于 500 mL 容量瓶中，用去离子水稀释至标线) 定容、摇匀。此标准系列分别含镉 0、0.05 μg/mL、0.1 μg/mL、0.20 μg/mL、0.30 μg/mL、0.40 μg/mL。在选定的仪器工作条件下，以空白溶液调零后，将所配制的镉标准溶液由低浓度到高浓度依次喷入火焰，分别测出各溶液的吸光度，以镉标准系列溶液的浓度作横坐标、以吸光度作纵坐标，绘制吸光度-浓度标准工作曲线。

2. 土样试液的测定

在仪器和操作方法与绘制标准曲线相同的条件下，测定土样试液的吸光度，直接在标准曲线上查得土样试液中镉的浓度，然后求出土样中镉元素的含量。土壤中镉污染物的监测结果规定用 mg/kg 表示。

（三）标准加入法

分别吸取 5.00 mL 土壤试液于 4 个已编好号的 10 mL 容量瓶中，然后在这 4 个容量瓶中依次分别加入镉标准操作液 0、0.50 mL、1.00 mL、1.50 mL，用硝酸(1＋499) 溶液定容，在相同的实验条件下依次测得各溶液的吸光度。以吸光度为纵坐标、以加入标准操作液的绝对含量（μg）为横坐标，绘出吸光度-加入量曲线图，外延曲线与横坐标相交于一点，此点与原点的距离，即为所测土样试液中镉的含量 c(Cd)。

$$c(\mathrm{Cd})=\frac{m_1V_1}{V_2m}$$

式中，m_1——从标准曲线上查得试液中镉的含量，μg；

V_1——土样试液总体积，mL；

V_2——测定时吸取的土样试液体积，mL；

m——称量土样质量，g。

子任务二　土壤有机氯农药的测定

一、学习目的

(1) 了解仪器的工作条件，学会标准溶液的配制。

(2) 掌握色谱法分析原理和测定方法。

二、 测定原理

采用碱破坏有机氯农药，水蒸气蒸馏-液液萃取（必要时硫酸净化），再用电子捕获检测器气相色谱法测定。

三、仪器和试剂

(1) 水蒸气蒸馏-液液萃取装置，如图 3-4-14 所示。

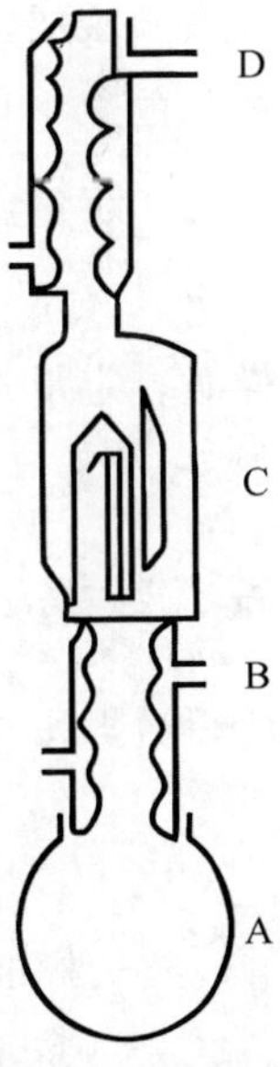

图 3-4-14　水蒸气蒸馏-液液萃取装置

(2) 带电子捕获检测器的气相色谱仪。

(3) 电加热套。

(4) 调压变压器。

(5) 正己烷（或石油醚）。

(6) 硫酸 ρ_{20}＝1.42 g/mL，优级纯。

(7) 氢氧化钾　优级纯。

(8) 无水硫酸钠　取 100 g 加入 50 mL 正己烷，振摇过滤，风干，置 150 ℃恒温箱中烘 15 h。

(9) 脱脂棉　用丙酮处理后备用。

（10）有机氯农药标准溶液。

（11）多氯联苯（PCB）标准溶液。

（12）色谱条件　固定相为 5% SE-30/Chromosorb W（AWD，MCS），80～100 目；色谱柱长为 2 m、内径 3 mm 的玻璃柱；柱温 195 ℃；气化温度 250 ℃；检测温度 240 ℃；载气是高纯氧，流速为 70 mL/min。

四、操作步骤

（一）碱解与蒸馏

准确称取 10～40 g 风干土样（同时另称一份 20 g 左右于 60 ℃烘干 24 h，测其水分含量），放入 10 mL 圆底烧瓶中，加入 250 mL 浓度为 1 mol/L 的氢氧化钾溶液，加少量沸石，按图 3-4-14 接好 A 部与 B 部，加热回流 1 h（用加热套加热，调压变压器控制温度）。冷却至室温，取下 B 部，在 C 中加入 5 mL 正己烷，将 A、C、D 部连接，加热蒸馏 90 min，流速每分钟 80～100 滴（加热和控温方法同上），蒸馏完毕后冷却至室温，将 C 中液体移入分液漏斗中，再将 A、C、D 部连接，从冷凝管上部加入 10 mL 蒸馏水冲洗，再将 C 中的洗涤液并入分液漏斗中，充分振摇，弃去水层，加入少量正己烷洗涤 C 部 2 次，合并正己烷层，将分液漏斗中的正己烷提取液经过底部塞有脱脂棉的 5 cm 高的无水硫酸钠脱水柱，分液漏斗用少量正己烷洗涤 3 次，每次均通过脱水柱，收集于 10 mL 容量瓶中定容，供色谱分析。

杂质多时需要用硫酸净化，即加入与正己烷等体积的硫酸，振摇 1 min，静置分层后，弃去硫酸层，净化次数视提取液中杂质多少而定，一般 1～3 次，然后加入与正己烷等体积的 0.1 mol/L 氢氧化钾溶液，振摇 1 min，静置分层后弃去下部水层。

（二）定量测定

将 PCB 标准溶液稀释不同浓度，定量进样以确定电子捕获检测器的线性范围。试样进样时，定量进样所得峰高（应在线性范围内）与相近浓度标准溶液的峰高比较，求出 PCB 含量。

五、数据处理

所得数据按下式计算：

$$多氯联苯含量(\mu g/g)=\frac{c_0V_0h_1}{h_0V_1m}$$

式中，c_0——标准液浓度，μg/mL；

V_0——标准溶液色谱进样体积，μL；

h_1——试样萃取液峰高，mm；

V——萃取液浓缩后的体积，mL；

h_0——标准溶液峰高，mm；

V_1——试样萃取液色谱进样体积，μL；

m——样品质量，g（换算成 60 ℃烘干后的质量）。

子任务三　土壤有机质的测定

一、学习目的

（1）掌握重铬酸钾法测定土壤中有机质的原理和方法。

（2）掌握土壤采样、制样、预处理方法。

（3）熟悉数据的记录以及处理方法。

二、测定原理

用定量的重铬酸钾-硫酸溶液，在沙浴加热条件下（170～180 ℃），使土壤中的有机碳氧化，剩余的重铬酸钾用硫酸亚铁标准溶液滴定，并以二氧化硅为添加物做试剂空白标定，根据氧化前后氧化剂质量差值计算出有机碳的量，再乘以系数 1.724，即为土壤有机质含量。

三、仪器和试剂

（1）计时器、电子天平、电沙浴锅、瓷研钵、滴定装置。

（2）磨口锥形瓶　150 mL。

（3）磨口简易空气冷凝管直径 0.9 cm、长 19 cm。

（4）温度计　200～300 ℃。

（5）铜丝筛　孔径 0.25 mm。

（6）采样铲、样品袋、铁锹、镐、米尺等。

（7）重格酸钾　优级纯。

（8）浓硫酸　ρ=1.84 g/mL。

（9）硫酸亚铁　分析纯。

（10）硫酸亚铁溶液　取硫酸亚铁结晶 0.700 g，加新煮沸过的冷水 100 mL 使其溶解，摇匀。临用时现配。

（11）硫酸银　研成粉末。

（12）二氧化硅　粉末状。

（13）邻菲罗啉（即 1,10-菲罗啉）指示剂。

（14）重铬酸钾-硫酸溶液　ρ=0.4 mol/L。

（15）重铬酸钾标准溶液　$c(1/6K_2Cr_2O_7)=0.2000$ mol/L。

（16）硫酸亚铁标准溶液。

四、操作步骤

（一）采样及制样

选取有代表性的风干土壤样品，挑出植物根、叶等有机残体，然后用木棍把土块压细，使之通过 1 mm 筛。充分混匀后，从中取出试样 10～20 g，磨细，并全部通过 0.25 mm 筛，装入磨口瓶中备用。

（二）预处理准备

按表 3-4-16，根据土壤有机质含量的规定称取制备好的风干试样 0.05～0.5 g（精确到 0.000 1 g），置入 150 mL 磨口锥形瓶中，加粉末状的硫酸银 0.1 g，然后用滴定管，准确加入 0.4 mol/L 重铬酸钾-硫酸溶液 10 mL，摇匀。

表 3-4-16　不同有机质含量土壤的称样量

有机质含量/%	试样质量/g
2 以下	0.4～0.5
2～7	0.2～0.3
7～10	0.1
10～15	0.05

（三）预处理

将盛有试样的磨口锥形瓶装一简易空气冷凝管，移至已预热到 185～190 ℃的电沙浴锅中，放入后电沙浴锅温度下降至 170～180 ℃，当简易空气冷凝管下端落下第一滴冷凝液，开始计时，消煮 5 min。需要注意消煮时间的准确性，时间过长将会使测定结果偏高。

（四）标准溶液标定

吸取 20 mL 重铬酸钾标准溶液，放入 150 mL 锥形瓶中，加 3 mL 浓硫酸和 3～5 滴邻菲罗啉指示剂，用硫酸亚铁标准溶液滴定，根据硫酸亚铁标准溶液的消耗量，按下式计算硫酸亚铁标准溶液浓度 c_2。

$$c_2=\frac{c_1V_1}{V_2}$$

式中，c_2——硫酸亚铁标准溶液的浓度，mol/L；

c_1——重铬酸钾标准溶液的浓度，mol/L；

V_1——吸取的重铬酸钾标准溶液的体积，mL；

V_2——滴定时消耗硫酸亚铁溶液的体积，mL。

（五）测定

消煮完毕后，将锥形瓶从电沙浴锅中取出，冷却片刻，用水冲洗冷凝管内壁及其底端外壁，使洗涤液流入原锥形瓶，瓶内溶液的总体积应控制在 60～80 mL，加 3～5 滴邻菲罗啉指示剂，用硫酸亚铁标准溶液滴定剩余的重铬酸钾。溶液的变色过程是先由橙黄变为蓝绿，再变为棕红，即达终点。如果试样滴定所用硫酸亚铁标准溶液的体积不到空白测定所耗硫酸亚铁标准溶液体积的 1/3 时，应减少土壤称样量，重新测定。

（六）空白测定

每批试样测定必须同时做 2～3 个空白样品。取 0.500 g 粉末状二氧化硅代替试样，其他步骤与试样测定相同，取其平均值。

五、数据处理

所得数据按下式计算：

$$有机质(g/kg)=\frac{c_2(V_0-V)\times 3\times 10^{-3}\times 1.4\times 1.724}{烘干土重}\times 100$$

式中，c_2——$FeSO_4$ 标准滴定溶液的浓度，mol/L^{-1}；

V_0——空白滴定消耗的 $FeSO_4$ 标准滴定溶液的体积，mL；

V——样品滴定消耗的 $FeSO_4$ 标准滴定溶液的体积，mL；

1.4——氧化校正系数；

1.724——有机碳转换为有机质的转换系数；

3——C 的摩尔质量的 1/4，g/mol。

【工作任务实施记录与评价】

1. 工作质量检查记录

日期	主要任务	具体措施	完成情况	效果	备注
质量评价				评价成绩	
				时间	

2. 学徒关键职业能力及职业品质、工匠精神评价

项目	A	B	C	D
工作态度				
吃苦耐劳				
团队协作				
沟通交流				
认真负责				
科学严谨				
实事求是				

项目五
固体废物污染监测

固体废物（简称“固废”）的污染是不可忽视的重要问题。本项目按照固体废物监测的工作流程进行任务设计，并选取城市生活垃圾和工业固废作为固废监测的主要内容。

【专业知识准备】

一、固体废物

（一）固体废物的概念

固体废物是指在社会的生产、流通、消费等一系列活动中产生的，在一定时间和地点无法利用而被丢弃的污染环境的固体、半固体废物的总称。所谓废物仅仅是相对于某一过程或某一方面失去了使用价值，但某一过程的废物也可能是另一过程的原料，废与不废只是相对的，具有很强的空间性和时间性。不能排入水体的液态废物和不能排入大气的置于容器中的气态废物，由于多具有较大的危害性，一般也归入固体废物管理体系。

（二）固体废物的来源

固体废物主要来自两个方面，即城市生活垃圾和工农业生产中所产生的废物，见表 3-5-1。

（三）固体废物的种类

固体废物的种类很多，如按其组成成分可分为有机废物和无机废物；按其形态可分为固态的废物、半固态的废物；按其污染特性可分为有害废物与一般废物等。

1. 城市固体废物

城市固体废物是指居民生活、商业活动、市政建设与维护、机关办公等过程产生的固体废物，一般分为生活垃圾、城建渣土、商业固体废物、粪便。

表 3-5-1　固体废物的主要来源

主要来源	产生的主要固体废物
矿业	废石、尾矿、金属、废木、砖瓦和水泥、沙石等
建筑材料工业	金属、水泥、黏土、陶瓷、石膏、石棉、沙石、纸和纤维等
冶金、交通机械等工业	金属、渣、沙石、模型、芯、陶瓷、涂料、管道、绝热和绝缘材料、胶黏剂、污垢、废木、塑料、橡胶、纸、各种建筑材料、烟尘等
食品加工业	肉、谷物、蔬菜、硬壳果、水果、烟草等
橡胶、皮革、塑料等工业	橡胶、塑料、皮革、布、线、纤维、染料、金属等
石油化工工业	化学药剂、金属、塑料、橡胶、陶瓷、沥青、污泥、油毡、石棉、涂料等
电器、仪器仪表等工业	金属、玻璃、木、橡胶、塑料、化学药剂、研磨料、陶瓷、绝缘材料等
纺织服装工业	布头、纤维、金属、橡胶、塑料等
造纸、木材、印刷等工业	刨花、锯末、碎木、化学药剂、金属填料、塑料等
居民生活	食物、垃圾、纸、木、布、庭院植物修剪物、金属、玻璃、塑料、陶瓷、燃料灰渣、脏土、碎砖瓦、废器具、粪便等
商业、机关单位	食物、垃圾、纸、木、布、庭院植物修剪物、金属、玻璃、塑料、陶瓷、燃料灰渣、脏土、碎砖瓦、废器具、粪便、杂品等，还有管道、碎砌体、沥青、其他建筑材料，含有易燃、易爆、腐蚀性、放射性的废物以及废汽车、废电器、废器具等
市政维护、管理部门	脏土、碎砖瓦、树叶、死禽畜、金属、锅炉灰渣、污泥等
农业、林业	秸秆、蔬菜、水果、果树枝条、糠秕、禽畜粪便、农药等
核工业和放射性医疗单位	金属、含放射性废渣、粉尘、污泥、器具和建筑材料等
旅客列车	纸、果屑、残剩食品、塑料、泡沫盒、玻璃瓶、金属罐、粪便等

2. 工业固体废物

工业固体废物是指在工业、交通等生产过程中产生的固体废物。工业固体废物主要包括冶金工业固体废物、能源工业固体废物、石油化学工业固体废物、矿业固体废物、轻工业固体废物、其他工业固体废物。

3. 有害废物

有害废物又称危险废物，泛指除放射性废物以外，具有毒性、易燃性、反应性、腐蚀性、爆炸性、传染性，因而可能对人类的生活环境产生危害的废物。

固体废物的类别，除以上三者之外，还有来自农业生产、畜禽饲养、农副产品加工以及农村居民生活所产生的废物，如农作物秸秆、人畜禽排泄物等。这些废物多产于城市外，一般多就地加以综合利用，或作沤肥处理，或作燃料焚化。

二、固体废物特性

(一)资源和废物的相对性

固体废物具有鲜明的时间和空间特性，是在错误时间放在错误地点的资源。从时间方面讲，其仅仅在目前的科学技术和经济条件下无法加以利用，但随着时间的推移、科学技术的发展，以及人们需求的变化，今天的废物可能变成为明天的资源。从空间角度看，其仅仅相对于某一过程或某一方面没有使用价值，而并非在一切过程或一切方面都没有使用价值。一种过程的废物，往往可以成为另一种过程的原料。固体废物一般具有某些工业原材料所具有的化学、物理特性，且较污水、废气容易收集、运输、加工处理，因而可以回收利用。

(二)富集终态和污染源头的双重性

固体废物往往是许多污染成分的“终态”。例如，一些有害气体或飘尘，通过治理最终富集成为固体废物；一些有害溶质和悬浮物，通过治理最终被分离出来成为污泥或残渣；一些含重金属的可燃固体废物，通过焚烧处理，有害金属浓集于灰烬中。但是，这些“终态”物质中的有害成分，在自然因素的长期作用下，又会转入大气、水体和土壤，故又成为大气、水体和土壤环境的污染“源头”。

(三)危害具有潜在性、长期性和灾难性

固体废物对环境的污染不同于污水、废气和噪声。固体废物呆滞性大、扩散性小。它对环境的影响主要是通过水、气和土壤进行的，其中污染成分的迁移转化，如浸出液在土壤中的迁移，是一个比较缓慢的过程，其危害可能在数年以至数十年后才能被发现。从某种意义上讲，固体废物，特别是有害废物对环境造成的危害可能要比水、气造成的危害严重得多。

三、固体废物的危害

固体废弃物对环境的危害表现在以下五个方面：

(1) 侵占土地　固体废物产生以后需占地堆放，堆积量越大占地越多。据估算，每堆积 1×10^4 t 废渣约占地 1 亩，我国许多城市利用市郊设置垃圾堆场，也侵占了大量的农田。

(2) 污染土壤　废物堆置，其中的有害组分容易污染土壤。如果直接利用来自医院、肉类联合厂、生物制品厂的废渣作为肥料施入农田，其中的病菌、寄生虫等会使土壤受污染，人与污染的土壤直接接触或生吃此类土壤上种植的蔬菜、瓜果极易致病。

(3) 污染水体　固体废物随天然降水或地表径流进入河流、湖泊，会造成水体污染。

（4）污染大气　一些有机固体废物在适宜的温度下被微生物分解，会释放出有害气体，固体废物在运输和处理过程中也会产生有害气体和粉尘。

（5）影响环境卫生　我国工业固体废物的综合利用率很低，城市垃圾、粪便清运能力不高，严重影响城市容貌和环境卫生，对人的健康构成潜在威胁。

四、固体废物污染监测采样工作

（一）采样要求

采集样品应具有代表性。在采集之前首先要调查了解，对调查的工业废物的来源、生产工艺过程、废物类型、排放数量、堆积历史、危害程度和综合利用情况进行研究，在此基础上确定采样程序、采样方法、分样数和分样量。如果采集有害废物则应根据其有害特性采取相应的安全措施。

（二）采样工具

常用的采样工具有尖头钢锹、钢尖镐（腰斧）、采样铲、具盖采样桶或内衬塑料的采样袋。

（三）采样程序

根据固体废物批量大小确定应采的份样（由一批废物中的一个点或一个部位，按规定量取出的样品）个数，根据固体废物的最大粒度（95％以上能通过的最小筛孔尺寸）确定份样量，根据采样方法，随机采集份样，组成总样，并认真填写采样记录表。

（四）采样数目

按表 3-5-2 确定应采份样数目。

表 3-5-2　批量大小与最少份样数目

批量大小	最少份样数目/个	批量大小	最少份样数目/个
＜5	5	500～1 000	25
5～50	10	1 000～5 000	30
50～100	15	＞5 000	35
100～500	20		

注：批量大小的单位，固体为 t、液体为 1 000 L。

（五）采样量

通常按表 3-5-3 确定每个份样应采的最小质量。所采的每个份样量应大致相等，其相对误差不大于 20％。表 3-5-3 中要求的采样铲容量是为了保证一次在一个地点或部位能取到足够数量的份样量。液态的废物份样量以不小于 100 mL 的采样瓶（或采样器）容积为宜。

表 3-5-3　份样量和采样铲容量

最大粒度/mm	最小份样质量/kg	采样铲容量/mL	最大粒度/mm	最小份样质量/kg	采样铲容量/mL
＞150	30		20～40	2	800
100～150	15	16 000	10～20	1	300
50～100	5	7 000	＜10	0.5	125
40～50	3	1 700			

任务一　制订固体废物监测方案

【任务目标与质量要求】

1. 了解固体废物的类型，熟悉固体废物常规监测指标。

2. 熟悉常用的固体废物监测方法标准和相关技术规范，培养善于利用信息化技术查阅规范的技能及实事求是、与时俱进、遵规守纪、科学严谨的职业品质。

3. 掌握采样前准备、采样点设置和计算的原则及方法，培养探索发现和解决问题的思维，树立科学精神。

4. 掌握固体废物组分分析的方法，培养交流互助、团结协作的良好风气。

5. 掌握固体废物制样的方法，培养学生认真负责、勇于探索、吃苦耐劳的职业品质。

6. 掌握生活垃圾、工业固废监测方案的内容与制订方法。

【学习产出目标】

1. 制订生活垃圾和工业固废监测方案各一份，并通过企业师傅的考核。

2. 快速、准确查找到所需的固体废物监测方法和相关技术标准文本资料。

【任务实施】

一、监测方案的组成

固废监测主要对生活垃圾和工业固废进行测定，通过对固体废物的产量、种类、分组、发展趋势以及现有固体废物处理情况等现状进行调查，设计以固体废物样品采集、固体废物组分分析、固体废物制样、固废性质分析为关键环节的监测方案。

二、固体废物样品类型

（1）一次样品　对生活垃圾进行分选、破碎、缩分后得到的样品称为一次样品。

用于物理组分和含水量等分析。

(2) 二次样品　对已完成生活垃圾物理组分和含水量分析的一次样品的各个物理组分进行缩分、粉碎、研磨、混配后得到的样品称为二次样品。用于生活垃圾可燃物、灰分、热值和化学成分等项目分析。

(3) 混合样　将生活垃圾烘干后的各成分按其干基百分比混合，经粉碎后所制备的二次样品称为混合样。

(4) 合成样　将生活垃圾烘干后的各成分粉碎，按其干基百分比混合所制备的二次样品称为合成样。

子任务一　城市生活垃圾监测方案

城市生活垃圾是指在日常生活中或者为日常生活提供服务的活动中产生的固体废物，以及法律、法规规定的视为生活垃圾的固体废物。生活垃圾主要包括厨余物、废纸、废塑料、废织物、废金属、废玻璃、陶瓷器、砖瓦渣土、粪便以及废旧家具、废电器、庭院废物等。本子任务主要依据《生活垃圾采样和分析方法》(CJ/T 313—2009) 完成城市生活垃圾监测方案的制订。

一、生活垃圾特性调查

在采集生活垃圾之前，应调查清楚该地生活垃圾产量、种类、组分、发展趋势以及现有生活垃圾处理情况等现状，应尽可能完备地收集城市生活垃圾有关的资料，主要包括如下内容：

(一) 生活垃圾产量计算及发展趋势预测

通过现场调查、统计分析资料，获知该地区垃圾人均产生量，再根据人口预测垃圾产生量。

(二) 生活垃圾特性调查

通过实地勘察和资料整理，调查垃圾产生源和当地垃圾处理、利用和处置现状 (表 3-5-4)。

二、采样点选择原则

生活垃圾采样点选择原则是该点垃圾具有代表性和稳定性。生活垃圾采样点应按垃圾流节点（生活垃圾产生、收集、转运、运输和处理物流线路的交汇点）进行选择，见表 3-5-5。

表 3-5-4 城市垃圾特性调查表

问题提出：
调查目的和意义：
调查方法：
调查内容：
调查结果及建议：

表 3-5-5 生活垃圾流节点及分类

序号	生活垃圾流节点	分类
1	产生源	居住区、事业区、商业区、清扫区等
2	收集站	地面收集站、垃圾桶收集站、分类垃圾收集站等
3	收运车	车厢可卸式、压缩式，分类垃圾收集车、餐厨垃圾收集车等
4	转运站	压缩式、筛分、分选等
5	处理处置场(厂)	填埋场、焚烧厂、堆肥场、餐厨垃圾处理厂等

注：1. 产生源节点按产生垃圾的功能区特性进行分类，其他节点按设施的用途进行分类；
2. 在产生源功能区采样，适用于原始垃圾成分和理化性质分析；
3. 在其他生活垃圾流节点采样，适用于生活垃圾动态过程中的成分和理化性质分析。

在生活垃圾产生源设置采样点，应根据所调查区域的人口数量确定最少采样点数（表 3-5-6），并根据该区域内功能区（表 3-5-7）的分布、生活垃圾特性等因素确定采样点。

表 3-5-6 人口数量与最少采样点数

人口数量/万人	＜50	50～100	100～200	≥200
最少采样点数/个	8	16	20	30

表 3-5-7 功能区分类

区域	居民区			事业区	商业区	清扫区	特殊区		混合区
类别	燃煤	半燃煤	无燃煤	办公、文教	商店(场)、饭店、娱乐场所、交通站(场)	街道、园林、广场	医院	领事馆	垃圾堆放处理场

在生活垃圾产生源以外的垃圾流节点设置采样点，应由该类节点（设施或容器）的数量确定最少采样点数。在调查周期内，地理位置发生变化的采样点数不宜大于总数的30%。

三、采样频率和间隔时间

产生源生活垃圾采样与分析以年为周期，采样频率宜每月1次，同一采样点的采样间隔时间宜大于10天。因环境引起生活垃圾变化时，可调整部分月份的采样频率。调查周期小于1年时，可增加采样频率，同一采样点的采样间隔时间不宜小于7天。采样应在无大风、雨、雪的条件下进行，在同一市区每次各点的采样宜尽可能同时进行。

垃圾流节点生活垃圾采样与分析应根据该类节点特性、设施的工艺要求、测定项目的类别确定采样周期和频率。

四、最小采样量

根据生活垃圾最大粒径及分类情况，选取的最小采样量应符合表3-5-8的规定。

表 3-5-8 生活垃圾最小采样量

生活垃圾最大粒径/mm	最小采样量/kg		主要适用范围
120	50	200	产生源生活垃圾、生活垃圾筛上物
30	10	30	生活垃圾筛下物、餐厨垃圾等
10	1	1.5	堆肥产品、焚烧灰渣等
3	0.15	0.15	

注：最大粒径指筛余量为10%时的筛孔尺寸。

五、采样设备和工具

生活垃圾常用的采样工具主要包括：采样车、密闭容器（采样桶或具有内衬的采样袋）、磅秤、铁锹、夹子、橡皮手套、剪刀、铁锤等。

六、采样方法

各类垃圾收集点的采样应在收集点收运垃圾前进行。在大于 3 m^3 的设施（箱、坑）中采用立体对角线布点法在等距点（不少于 3 个）采等量垃圾，共 100～200 kg，在小于 3 m^3 的设施（箱、坑）中，每个设施采 20 kg 以上，最少采 5 个，共 100～200 kg，混合垃圾点的采样应采集当日收运到堆放处理场的垃圾车中的垃圾，在间隔的每辆车内或在其卸下的垃圾堆中采用立体对角线法在 3 个等距点采等量垃圾共 20 kg 以上，最少采 5 车，共计 100～200 kg。采样的全过程要有翔实记录。

对呈堆体状态的生活垃圾、垃圾桶（箱或车）内的生活垃圾、坑（槽）内生活垃圾（如焚烧厂贮料坑和堆肥厂发酵槽等）可参照下述方法采样。

（一）四分法

将生活垃圾堆搅拌均匀后堆成圆形或方形，如图 3-5-1 所示将其四等分，然后随机舍弃其中对角的两份，余下部分重复进行混合、铺平并四等分，舍弃一半，直至达到表 3-5-8 所规定的采样量。

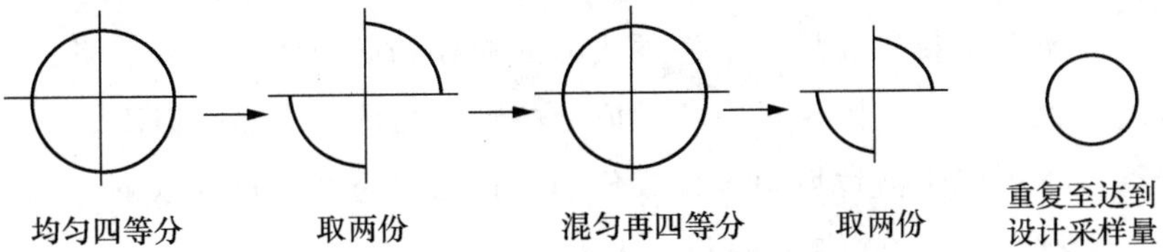

图 3-5-1　固体废物四分法采样

（二）剖面法

沿生活垃圾堆对角线做一采样立剖面，如图 3-5-2 所示，确定点位，水平点距不大于 2 m，垂直点距不大于 1 m，各点位等量采样，直至达到表 3-5-8 所规定的采样量。

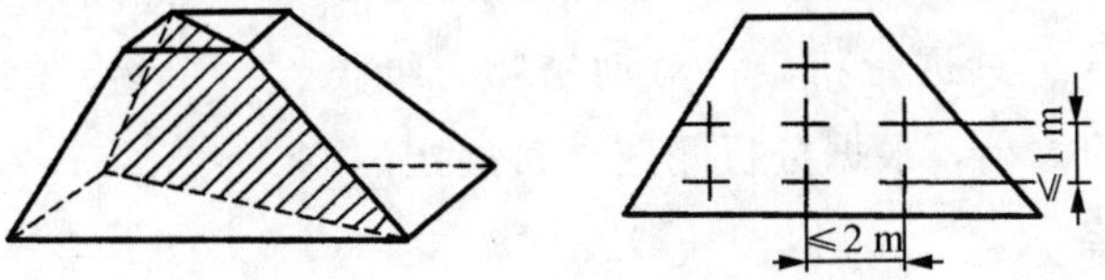

图 3-5-2　固体废物剖面法采样

（三）周边法

在生活垃圾堆四周各边的上、中、下三个位置采集样品，按图 3-5-3 所示方式确定点位（总点位数不少于 12 个），各点位等量采样，直至达到表 3-5-8 所规定的采样量。

（四）网格法

将生活垃圾堆成一厚度为 40～60 cm 的正方形，把每边三等分，将生活垃圾平均

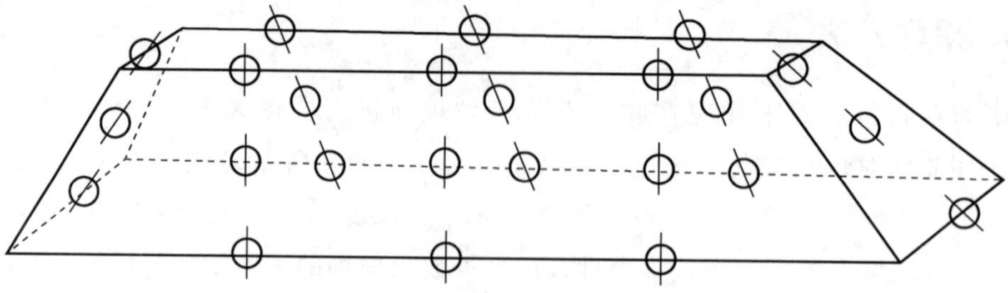

图 3-5-3　周边法采样位置示意图

分成 9 个子区域，将每个子区域中心点前后左右周边 50 cm 内以及从表面算起垂直向下 40～60 cm 深度的所有生活垃圾取出，把从 9 个子区域内取得的生活垃圾倒在清洁的地面上，搅拌均匀后，采用四分法缩分至表 3-5-8 所规定的采样量。

七、样品制备

（一）设备

样品制备设备包括：

（1）粗粉碎机　可将生活垃圾中各种成分的粒径粉碎至 100 mm 以下。

（2）细粉碎机　可将生活垃圾中各种成分的粒径粉碎至 5 mm 以下。

（3）研磨仪　可将生活垃圾中各种成分的粒径粉碎至 0.5 mm 以下。

（4）天平　感量为 0.000 1 g 的分析天平。

（5）药碾、小铲、锤、十字分样板、强力剪刀。

（6）样品瓶　250～500 mL 带磨口的广口玻璃瓶。

（二）制备程序

1. 粉碎

对各类废物进行粉碎。对灰土、砖瓦、陶瓷类废物，先用钢锤将大块敲碎，然后用粉碎机或其他粉碎工具进行粉碎；对动植物、纸类、纺织物、塑料等废物，用剪刀剪碎。粉碎后样品的大小，根据分析测定项目确定。

2. 一次样品制备

将测定生活垃圾容重后的样品中大粒径物品粉碎至粒径 100～200 mm，摊铺在水泥地面并充分混合搅拌，再用四分法缩分 2（或 3）次，至保留 25～50 kg 样品，置于密闭容器运到分析场地。确实难以全部破碎的可预先剔除，在其余部分破碎缩分后，按缩分比例将剔除的生活垃圾部分破碎并加入样品中。

3. 二次样品制备

在生活垃圾含水率测定完毕后，应进行二次样品制备。

根据测定项目对样品的要求，将烘干后的生活垃圾样品中各种成分的粒径分级破碎至 5 mm 以下，选择下面两种样品形式之一制备二次样品备用。

（1）混合样

①应严格按照生活垃圾样品物理组成的干基比例，将粒径为 5 mm 以下的各种成分混合均匀。

②缩分至 500 g。

③用研磨仪将其粒径研磨至 0.5 mm 以下。

（2）合成样

①用研磨仪将烘干后的粒径为 5 mm 以下的各种成分的粒径分别研磨至 0.5 mm 以下。

②将各成分分别缩分至 100 g 后装瓶备用。

③按照生活垃圾样品物理组成的干基比例，配制测定用合成样，合成样的质量（m）可根据测定项目所用仪器要求确定，各种成分的质量（m_i）按下式计算，称重结果精确至 0.000 5 g。

$$m_i = \frac{m \times C_i}{100}$$

式中，m_i——某成分干重，g；

m——样品质量，g；

C_i——某成分干基含量，%；

i——各成分序数。

4. 缩分

将需要缩分的样品放在清洁、平整、不吸水的板面上，堆成圆锥体，用小铲将样品自圆锥顶端落下，使其均匀地沿锥尖散落，不可使圆锥中心错位。反复转堆，至少转 3 周，使其充分混匀，用十字样板自上压下，将锥体分成四等份，按四分法，取任意两个对角的样品，重复上述操作数次，直到减至 100 g 左右为止，并将其保存在瓶中备用。

瓶上应贴有标签，注明样品名称（或编号）、成分名称、采样地点、采样人、制样人、制样时间等信息。

5. 样品制备注意事项

应防止样品产生任何化学变化或受到污染，在粉碎样品时，确实难全部破碎的生活垃圾可预先剔除，在其余部分破碎缩分后，按缩分比例将剔除的生活垃圾部分进行破碎并加入样品中，不可随意丢弃难以破碎的成分。

八、样品的运输和保存

样品在运送过程中，应避免样品容器的倒置和倒放。样品应保存在不受外界环境污染的洁净房间内，并密封于容器中，贴上标签备用。

二次样品应在阴凉干燥处保存，保存期内若吸水受潮，则应在 105 ℃±5 ℃的条件下烘干至恒重后，才能用于测定，必要时可采用低温、加入保护剂的方法保存。制备好的样品，一般有效保存期为 3 个月，易变质的试样不适合此限制。最后，填写采样、制样表，分别存于有关部门。

九、布置任务

根据以上学习内容，设计一份城市生活垃圾监测方案，方案内容包括但不限于监测目的、监测地点与时间、监测项目、采样工具、采样人员、采样方法、样品运输与保存等。方案制订完成后需由企业师傅进行考评，考评通过方可开始下一项任务的学习。固体废物监测方案样例、考核评价内容详见表 3-5-9、表 3-5-10。

表 3-5-9　城市生活垃圾监测方案

一、监测目的（目的应明确、清晰）
二、监测地点与时间（地点明确，时间具体）
三、监测项目（根据监测目的选取合适的监测项目）
四、采样工具（包括采样所需工具的名称、数量、规格等）
五、采样人员（包括采样人员姓名、职务或职称、工作单位、人员分工等）
六、采样方法（清晰阐述具体的操作方法及过程）

续表 3-5-9

七、样品运输与保存（明确样品的保存方法及运输工具）
八、分析测定方法（分别列出各项指标的分析测定方法）
九、采样频率（要求明确采样频率的大小）
十、采样安全与质控措施

注：可另附页。

表 3-5-10　考核评价表

学徒姓名		任务名称		考核时间	
师傅指导记录				评价成绩	
评价项目	内容	标准分值	评定分值	备注	
学风	积极参与各项学习活动，态度端正，遵规守纪，刻苦钻研，善于沟通交流，任务完成度高	10			
方案内容完整性	内容充实，要素齐全，描述清晰准确，体现新技术、新标准、新要求，针对性强	40			
方案的可行性	符合相关环境标准和技术规范，符合各项环境要求，实用性强	35			
方案的经济合理性	费用-效益分析合理，技术路线清晰，技术装备齐全	15			

子任务二　工业固废监测方案

工业固体废物是指在工业生产活动中产生的固体废物。工业固体废物主要是来自各个工业生产部门的生产和加工过程及流通中所产生的粉尘、碎屑、污泥等。产生废物的主要行业有冶金工业、矿业、石油与化学工业、轻工业、机械电子工业、建筑业、能源工业和其他工业行业等。典型的工业固体废物包括冶炼渣、化工渣、燃煤灰渣、废矿石、尾矿、金属、塑料、橡胶、化学药剂、陶瓷、沥青、化学药剂。本子任务主要是依据《工业固体废物采样制样技术规范》（HJ/T 20—1998）完成工业固体废物监测方案的制订。

方案内容包括采样目的和要求、背景调查、现场踏勘、采样程序、安全措施、质量控制、采样记录和监测报告等。

一、采样目的

采样的基本目的是从一批工业固体废物中采集具有代表性的样品，通过试验和分析，获得在允许误差范围内的数据。在设计采样方案时，应首先明确以下具体目的和要求：

（1）特性鉴别和分类。

（2）环境污染监测。

（3）综合利用或处置。

（4）污染环境事故调查分析和应急监测。

（5）科学研究。

（6）环境影响评价。

（7）法律调查、法律责任、仲裁等。

二、背景调查和现场踏勘

采样目的明确后，要调查以下影响采样方案制订的因素，并进行现场踏勘。

（1）工业固体废物的产生（处置）单位、产生时间、产生形式（间断还是连续）、贮存（处置）方式。

（2）工业固体废物的种类、形态、数量、特性（含物性和化性）。

（3）工业固体废物试验及分析的允许误差和要求。

（4）工业固体废物污染环境、监测分析的历史资料。

（5）工业固体废物产生或堆存或处置或综合利用现场踏勘，了解现场及周围环境。

三、采样程序

采样工作按以下步骤进行：

（1）确定批废物。

（2）选派采样人员。

（3）明确采样目的和要求。

(4) 进行背景调查和现场踏勘。

(5) 确定采样法。

(6) 确定份样量。

(7) 确定份样数。

(8) 确定采样点。

(9) 选择采样工具。

(10) 制定安全措施。

(11) 制定质量控制措施。

(12) 实施采样。

(13) 组成小样或大样。

四、安全措施

工业固体废物采样安全措施参照《工业用化学产品采样安全通则》(GB 3723—1999)。

五、质量控制

(1) 为保证在误差允许范围内获得工业固体废物的具有代表性的样品，应在采样的全过程进行质量控制。

(2) 在工业固体废物采样前，应设计详细的采样方案（采样计划）；在采样过程中，应认真按采样方案进行操作。

(3) 对采样人员应进行培训。工业固体废物采样是一项技术性很强的工作，应由受过专门培训、有经验的人员承担。采样人员应熟悉工业固体废物的性状、掌握采样技术、懂得安全操作的有关知识和处理方法。采样时，应由 2 人以上在场进行操作。

(4) 采样工具、设备所用材质不能和待采工业固体废物有任何反应，不能使待采工业固体废物污染、分层和损失。采样工具应干燥、清洁，便于使用、清洗、保养、检查和维修。任何采样装置（特别是自动采样器）在正式使用前均应做可行性试验。

(5) 采样过程中要防止待采工业固体废物受到污染和发生变质。与水、酸、碱有反应的工业固体废物，应在隔绝水、酸、碱的条件下采样（如反应十分缓慢，在采样精确度允许条件下，可以通过快速采样消除这一影响）；组成随温度变化的工业固体废物，应在其正常组成所要求的温度下采样。

(6) 盛样容器应满足以下要求：

①盛样容器材质与样品物质不起作用，没有渗透性。

②具有符合要求的盖、塞或阀门，使用前应洗净、干燥。

③对光敏性工业固体废物样品，盛样容器应是不透光的（使用深色材质容器或容

器外罩深色外套）。

（7）样品盛入容器后，在容器壁上应随即贴上标签。标签内容包括：

①样品名称及编号。

②工业固体废物批及批量。

③产生单位。

④采样部位。

⑤采样日期。

⑥采样人。

（8）样品运输过程中，应防止不同工业固体废物样品之间的交叉污染；盛样容器不可倒置、倒放，应防止破损、浸湿和污染。

（9）填写好、保存好采样记录和采样报告。

（10）采样全过程应由专人负责。

六、布置任务

根据以上学习内容，设计一份工业固体废物监测方案，方案内容包括但不限于采样目的和要求、背景调查和现场踏勘、采样程序、安全措施、质量控制、采样记录和报告等。方案制订完成后需由企业师傅进行考评，考评通过方可开始下一项任务的学习。工业固体废物监测方案样例、考核评价内容详见表 3-5-11、表 3-5-12。

表 3-5-11　工业固废监测方案

一、监测目的（目的应明确、清晰）
二、监测地点与时间（地点明确，时间具体）
三、监测项目（根据监测目的选取合适的监测项目）
四、采样工具（包括采样所需工具的名称、数量、规格等）

续表 3-5-11

五、采样人员（包括采样人员姓名、职务或职称、工作单位、人员分工等）
六、采样方法（清晰阐述具体的操作方法及过程）
七、样品运输与保存（明确样品的保存方法及运输工具）
八、分析测定方法（分别列出各项指标的分析测定方法）
九、采样频率（要求明确采样频率的大小）
十、采样安全与质控措施

注：可另附页。

表 3-5-12　考核评价表

学徒姓名		任务名称		考核时间	
师傅指导记录				评价成绩	
评价项目	内容	标准分值	评定分值	备注	
学风	积极参与各项学习活动，态度端正，遵规守纪，刻苦钻研，善于沟通交流，任务完成度高	10			
方案内容完整性	内容充实，要素齐全，描述清晰准确，体现新技术、新标准、新要求，针对性强	40			
方案的可行性	符合相关环境标准和技术规范，符合各项环境要求，实用性强	35			
方案的经济合理性	费用-效益分析合理，技术路线清晰，技术装备齐全	15			

任务二　固体废物样品的采集

【任务目标与质量要求】

1. 熟悉固体废物的采样与制样等相关技术规范，培养善于利用信息化技术查阅规范的技能及实事求是、科学严谨的职业品质。

2. 掌握采样方式、采样器的规范化使用、采样频率、样品运输要求，培养探索发现和解决问题的思维，树立科学精神。

3. 能够按照技术规范完成各类样品的采集与现场测定任务，培养吃苦耐劳、互帮互助、求真务实的职业品质。

4. 能够按要求完成固体废物样品的运输与交接任务，培养学生认真负责、勇于探索、吃苦耐劳的职业品质。

【学习产出目标】

1. 完成城市生活垃圾、工业固废样品的采集与运输任务，并通过企业师傅的考核。

2. 规范、准确填写采样记录和样品交接记录。

【任务实施】

子任务一　城市生活垃圾样品的采集

本子任务是按照已制订的固体废物监测方案在指定采样点完成固体废物样品的采集。同时做好采样记录,并粘贴固体废物样品标签。采样具体工作一般包括采样前的调查与准备、样品采集、样品保存、采样结束前核查、现场监测项目测定、样品运输与交接等。

一、采样前的调查与准备

1. 生活垃圾

采样准备采样前需先调查并记录该地区背景资料，包括区域类型、服物范围、生产量、处理量、收运处理方式等，根据分析要求，调查固体废物的生产、储存情况，整理资料，明确采样方法和技术要点，为了使采集的样品具有代表性，在采集之前要调查研究生产工艺过程、废物类型、排放数量、堆积历史、危害程度和综合利用情况，如采集有害废物，则应根据其有害特性采取相应的安全措施。

2. 采样工具的准备

生活垃圾的采样工具包括尖头铁锹、钢锤、采样探子、采样钻、气动和真空探针、取样铲、带盖盛样桶或内衬塑料膜的盛样袋等。

二、采样点的设置

根据某地区人口和市区的布置，选择若干代表不同功能区的采样点，采样点力求分布均匀，使采集的样品有代表性。并将采样时间和采样量记录在表 3-5-13 中。

表 3-5-13　调查点分布和采样记录

区域	类别	采样点数/个	采样量/kg	备注(采样频率、时间)
居民区	高档小区			
	中档小区			
	普通小区			
	旧城居住区			
事业区	文教			
	办公			
商业区	商店(场)、饭店			
	娱乐场所			
	交通站(场)			
混合区	垃圾转运站			

三、采样

(一)采样的基本要求

(1) 应结合现场环境条件选择不同的采样方法。

(2) 采样应避免在大风、雨、霾等异常天气条件下进行。

(3) 在同一区域有多个采样点时，尽可能同时进行。

(4) 采样的全过程应详细记录。

(5) 在采样现场应注意安全。

(二)样品采集

采样时，将 50 L 容器（搪瓷盆）洗净、干燥、称量、记录，然后布置于点上，每个点设置若干个容器；在面上采集时带好备用容器。

采样量为该点 24 h 内的全部生活垃圾，到时间后收回容器，并将同一点上若干容器内的样品全部集中；面上的取样数量以 50 L 为一个单位，要求从当日卸到垃圾堆的每车垃圾中进行采样（每车装载 5 t），共取 1 000 L 左右（约 20 个垃圾车）。

将各点集中或面上采集的样品中大块物料现场进行人工破碎，然后用铁锹充分混匀，此过程尽可能迅速完成，以免水分散失。

现场用四分法把混合后的样品缩分到 90～100 kg 为止，即初样品，将初样品装入容器，取回分析。

（三）采样记录

根据固体废弃物的贮存状态，选用不同的采样方法，在每一个采样点上采取一定质量的物料，并记录在表 3-5-14 中。

表 3-5-14　固体废弃物采样记录

采样时间：　　年　　月　　日　　　　　　采样地点：

样品名称		废物来源	
份样数		采样方法	
份样量		采样人	
采样现场简述			
废物生产过程简述			
采样过程简述			
样品可能含有的主要有害成分			
样品保存方式及注意事项			

四、布置任务

根据以上学习内容，完成城市生活垃圾的采集任务，并及时填写采样记录表、样品交接记录表，任务完成后需由企业师傅进行考评，考评通过方可开始下一项任务的学习。考核评价内容详见表 3-5-15。

表 3-5-15　考核评价表

学徒姓名		任务名称		考核时间	
师傅指导记录				评价成绩	
评价项目	内容	标准分值	评定分值	备注	
学风	积极参与各项学习活动，态度端正，遵规守纪，刻苦钻研，善于沟通交流，任务完成度高	10			
采样前的准备	采样工具准备齐全、采样容器规范且干净、仪器设备完好	10			
采集样品	操作方法符合采样技术规范，采样位置准确，样品保存方法正确，现场测定项目结果准确，样品标签填写、粘贴恰当	40			
采样记录	规范填写采样记录表、采样现场数据记录表，无涂改与损坏	25			
样品运输与交接	运输工具选择合理，样品运送及时，样品交接记录表填写规范，样品无丢失、损坏或过期	15			

子任务二　工业固废样品的采集

工业固体废物的采样和制样方法参见《工业固体废物采样制样技术规范》（HJ/T 20—1998）。

一、份样数的确定

工业固体废物是指在工业、交通等生产活动中产生的固体废物。份样数是由一批固体废物中的一个点或一个部位按规定量取出的样品个数。采样份样数的多少取决于两个因素：

（1）物料的均匀程度　物料越不均匀，采样份样数应越多。

（2）采样的准确度　采样的准确度要求越高，采样份样数应越多。

份样数可由公式法或查表法确定。

当已知份样间的标准偏差和允许误差时，可按下式计算份样数。

$$n \geqslant \left(\frac{t \cdot s}{\Delta}\right)$$

式中，n——必要的份样数；

s——份样间的标准偏差。

Δ——采样允许误差。

t——选定置信水平下的概率密度。

取 $n \to \infty$ 时的 t 值作为最初 t 值，以此计算出 n 的初值。用对应 n 的初值的 t 值代入，不断迭代，直至算得的 n 值不变，此 n 值即必要的份样数。

当份样间的标准偏差和允许误差未知时，可按表 3-5-16 和表 3-5-17 确定份样数。

表 3-5-16　批量大小与最小份样数

批量大小	最少份样数/个	批量大小	最少份样数/个
<1	5	≥100	30
≥1	10	≥500	40
≥5	15	≥1 000	50
≥30	20	≥5 000	60
≥50	25	≥10 000	80

注：批量大小的数据单位，固体为 t，液体为 1 000 L。

二、份样量的确定

份样量的大小主要取决于固体废物颗粒的最大粒径，颗粒越大，均匀性越差，份样量应越多，份样量可根据切乔特公式（又称缩分公式）计算。

表 3-5-17 贮存容器数量与最小份样数

容器数量/个	最少份样数/个	容器数量/个	最少份样数/个
1～3	所有	344～730	7～8
4～64	4～5	731～1 000	8～9
65～125	5～6	1 001～1 300	9～10
126～343	6～7	＞1 300	每增加 300 个容器或设施，增加 1 个采样点

$$Q = K \cdot d^{a}$$

式中，Q——应采的最小样品量，kg；

d——固体废物最大颗粒直径，mm。

K——缩分系数。

a——经验常数。

K、a 都是常数，与固体废物的种类、均匀程度和易破碎程度有关。一般矿石的 K 值为 0.05～1，固体废物越不均匀，K 值就越大。a 值为 1.5～2.7，一般由实际情况确定。

也可以按表 3-5-18 确定每个份样应采的最小质量。所采的每个份样量应大致相等，其相对误差不大于 20%。表 3-5-18 中要求的采样铲容量是为保证在一个地点或一个部位能够取到足够的份样量。

液态废物的份样量以不小于 100 mL 采样瓶（或采样器）的所盛量为宜。

表 3-5-18 份样量和采样铲容量

最大粒度/mm	最小份样量/kg	采样铲容量/mL	最大粒度/mm	最小份样量/kg	采样铲容量/mL
＞150	30		20～40	2	800
100～150	15	16 000	10～20	1	300
50～100	5	7 000	＜10	0.5	125
40～50	3	1 700			

三、 采样方法

（一）简单随机采样法

当对一批废物了解很少，且采取的份样比较分散不影响分析结果时，对废物不做处理，按照其原来的状况从中随机采取份样。

（二）系统采样法

在一批废物以运送带、管道等形式连续排出的移动过程中，按一定的质量或时间间隔采取份样，份样间的间隔按下式计算：

$$T \leqslant \frac{Q}{n} \text{ 或 } T' \leqslant \frac{60Q}{G \cdot n}$$

式中，T——采样质量间隔，t；

T'——采样时间间隔，min；

Q——批量，t；

n——份样数；

G——每小时排出量，t/h。

（三）分层采样法

在一批废物分次排出或某生产工艺过程的废物间歇排出过程中，可分 n 层采样，根据每层的质量，按比例采取份样。第 i 层采样份数按下式计算：

$$n_i = \frac{n \cdot Q_i}{Q}$$

式中，n_i——第 i 层应采份样数；

n——份样数；

Q_i——第 i 层废物质量，t；

Q——批量，t。

（四）两段采样法

简单随机采样、系统采样、分层采样都是一次就直接从批废物中采取份样，称为单阶段采样。当批废物由许多车、桶、箱、袋等容器盛装时，由于各种容器件数比较分散，所以要分阶段采样。首先从批废物总容器件数 n_0 中随机抽取 n_1 件容器，然后再从 n_1 的每一件容器中采 n_2 个份样。

推荐当 $n_0 \leqslant 6$ 时，取 $n=n_0$；当 $n_0>6$ 时，n_1 按下式计算：

$$n_1 \geqslant 3 \cdot \sqrt[3]{N_0}\text{（小数进整数）}$$

推荐第二阶段的采样数 $n_2 \geqslant 3$，即 n_1 件容器中的每个容器均随机采上、中、下最少 3 个份样。

四、采样点设置

对于堆存、运输中的固态废物和大池（坑、塘）中的液态废物，可按对角线形、梅花形、棋盘形、蛇形等分布确定采样点（采样位置）。

对于粉末状、小颗粒的固体废物，可按垂直方向、一定深度的部位确定采样点（采样位置）。对于容器内的固体废物，可按上部（表面下相当于总体积的 1/6 深处）、中部（表面下相当于总体积的 1/2 深处）、下部（表面下相当于总体积的 5/6 深处）确定采样点（采样位置）。根据采样方式（简单随机采样、分层采样、系统采样、两端采样等）确定采样点（采样位置）。

（一）运输车及容器采样

在运输一批固体废物时，当车数不多于该批废物规定的采样单元数时，每车应采样单元数按下式计算。

$$每车应采样单元数（小数进整数）=\frac{规定采样单元数}{车数}$$

当车数多于规定的采样单元数时，选出所需最少的采样份数后，从所选车中各随机采集一个份样。在车中，采样点应均匀分布在车厢的对角线上（图 3-5-4），端点距车角应大于 0.5 m，表层应减 30 cm。

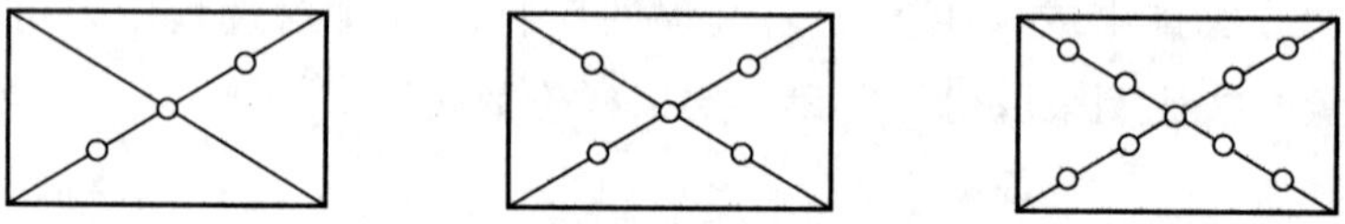

图 3-5-4　车厢中采样布点的位置

对于一批若干容器盛装的废物，按表 3-5-19 选取最少采样车（容器）数，并且每个容器中均随机采两个样品。

表 3-5-19　所需最少采样车（容器）数

车(容器)数/辆(个)	所需最少采样车(容器)数/辆(个)
＜10	5
10～25	10
25～50	20
50～100	30
＞100	50

（二）废渣堆采样法

在废渣堆两侧距堆底 0.5 m 处画第一条横线，然后每隔 0.5 m 画一条横线；再每隔 2 m 画横线的一条垂线，以交点作为采样点。按确定的份样数，在每点上从 0.5～1.0 m 深处各随机采样一份（图 3-5-5）。

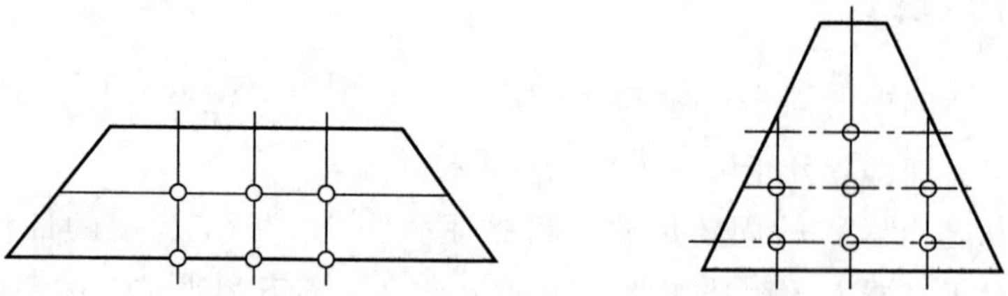

图 3-5-5　废渣堆中采样点的分布

五、　采样记录和报告

采样时应记录工业固体废物的名称、来源、数量、性状、包装、贮存、处置、环境、编号、份样量、份样数、采样点、采样法、采样日期、采样人等（表 3-5-20）。必要时，根据记录填写采样报告。

表 3-5-20 工业固体废物采样原始记录表

申请单号：　　采样目的：　　温度：　湿度：　大气压强：　天气情况：

方法依据：HJ/T 20—1998　　采样方法：□简单随机采样　□分层采样　□系统采样　□两段采样　□其他：

固废名称及点位	样品编号	采样位置	固废性状	样品数量	份样量	份样数	质量间隔	时间间隔	排出量	采样点位分布示意图
备注：										

采样员/采样日期：　　客户确认：

六、布置任务

根据以上学习内容，完成工业固废的采集任务，并及时填写采样记录表、样品交接记录表，任务完成后需由企业师傅进行考评，考评通过方可开始下一项任务的学习。考核评价内容详见表 3-5-21。

表 3-5-21　质量考核评价表

学徒姓名		任务名称		考核时间	
师傅指导记录				评价成绩	
评价项目	内容	标准分值	评定分值	备注	
学风	积极参与各项学习活动，态度端正，遵规守纪，刻苦钻研，善于沟通交流，任务完成度高	10			
采样前的准备	采样工具准备齐全、采样容器规范且干净、仪器设备完好	10			
采集样品	操作方法符合采样技术规范，采样位置准确，样品保存方法正确，现场测定项目结果准确，样品标签填写、粘贴恰当	40			
采样记录	规范填写采样记录表、采样现场数据记录表，无涂改与损坏	25			
样品运输与交接	运输工具选择合理，样品运送及时，样品交接记录表填写规范，样品无丢失、损坏或过期	15			

任务三　固体废物监测

【任务目标与质量要求】

1. 熟悉监测方法技术标准，培养实事求是、与时俱进、科学严谨的职业品质。

2. 掌握监测数据的统计处理、监测结果表达方法，培养认真负责、精益求精和实事求是的职业品质。

3. 掌握各项监测指标的测定原理、步骤及测定仪器的操作方法，提升仪器操作的技能，并通过实操达到对理论知识的巩固。

4. 能够按照标准分析方法完成各项指标的分析测定任务，培养实际操作能力及吃苦耐劳、任劳任怨、团结协作的团队精神。

5. 能够采取适当的质量控制措施，培养质量意识和安全意识。

【学习产出目标】

1. 完成固体废物有害特性的监测、生活垃圾的特性分析任务，并通过企业师傅的考核。

2. 规范、准确填写实验记录表。

【任务实施】

子任务一　固体废物有害特性的监测

一、急性毒性的监测

有害废物中往往含有多种有害成分，组分分析难度较大。急性毒性的初筛试验可以简便地鉴别并表达其综合急性毒性，方法如下。

以体重 18～24 g 的小白鼠（或 200～300 g 大白鼠）作为实验动物，若是外购鼠，必须在本单位饲养条件下饲养 7～10 d，仍活泼健康者方可使用。实验前 8～12 h 和观察期间禁食。

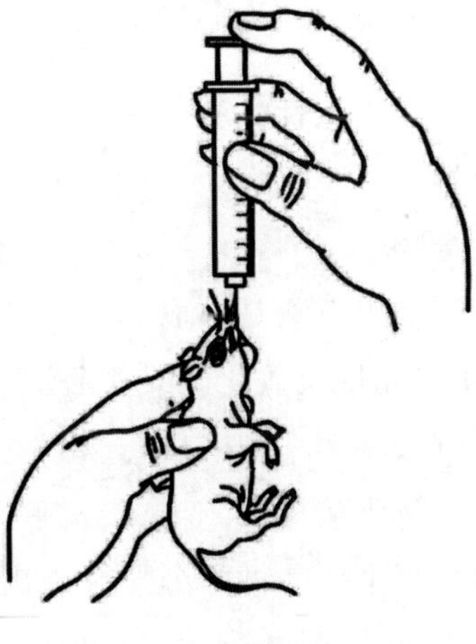

图 3-5-6　灌胃姿势示意

称取制备好的样品 100 g，置于 500 mL 具磨口玻璃塞的锥形瓶中，加入 100 mL pH 为 5.8～6.3 的水（固液体积比为 1∶1），振摇 3 min，于室温下静置浸泡 24 h，用中速定量滤纸过滤，滤液留待灌胃用。灌胃采用 1 mL 或 5 mL 注射器，采用 9（或 12）号注射针，去针头，磨光，弯曲成新月形。对 10 只小白鼠（或大白鼠）进行一次性灌胃，每只灌浸取液 0.50 mL（或 4.40 mL），灌胃时用左手捉住小白鼠，尽量使之呈垂直体位，如图 3-5-6 所示，右手持已吸取浸出液的注射器，对准小白鼠口腔正中，推动注射器使浸出液徐徐流入小白鼠的胃内。对灌胃后的小白鼠（或大白鼠）进行中毒症状观察，记录 48 h 内动物死亡数，确定固体废物的综合急性毒性。

二、易燃性试验

鉴别易燃性即测定闪点，闪点较低的液态废物和燃烧剧烈而持续的非液态废物由于摩擦、吸湿、点燃等自发的化学变化会发热、着火，也可能由于它的燃烧对人体或环境造成危害。

测定仪器采用闭口闪点测定仪。温度计采用 1 号温度计（−30～170 ℃）或 2 号温度计（100～300 ℃）。防护屏采用镀锌铁皮制成，高度 550～650 mm，宽度以适用为度，屏身内壁漆成黑色。

测定时按标准要求加热试样至一定温度，停止搅拌，每升高 1 ℃点火一次，至试样上方刚出现蓝色火焰时，立即读出温度计上的温度值，该值即为测定结果。

三、腐蚀性试验

腐蚀性指通过接触能损伤生物细胞、组织或腐蚀物体而引起危害。测定方法：一种是测定 pH，另一种是测定在 55.7 ℃以下对钢制品的腐蚀深度。当固体废物的浸出液的 pH≤2 或 pH≥12.5 时，则有腐蚀性；当在 55.7 ℃以下对钢制品的腐蚀深度大于 0.64 cm/年，则有腐蚀性。实际应用中一般使用 pH 判断腐蚀性。

四、反应性试验

测定方法包括撞击感度测定、摩擦感度测定、差热分析测定、爆炸点测定、火焰感度测定等 5 种方法，具体测定程序可查阅相关标准。

五、浸出毒性试验

浸出毒性试验即采用规定方法浸出固体废物的水溶液，然后对浸出液进行分析。分析项目主要有汞、镉、砷、铅、铜、锌、镍、锑、铍、氟化物、氰化物、硝基苯类化合物。

浸出方法是称取 100 g 固体干试样，置于容积为 2 L 具塞广口聚乙烯瓶中，加水 1 L（先用氢氧化钠或盐酸调 pH 至 5.8～6.3）。将瓶子垂直固定在水平往复振荡器上，调节振荡频率为（110±10）次/min，振荡 40 min，在室温下振荡 8 h，静置 16 h。

浸出液用 0.45 mm 滤膜过滤。滤液按各种分析项目要求，于合适条件下储存备用。每个样品做两个平行浸出试验，每瓶浸出液平行测定两次，取算术平均值作测定结果。

六、固体废物遇水反应性试验

1. 原理

采用半导体点温计法（图 3-5-7）。固体废物与水发生反应放出热量，使体系的温度升高，用半导体点温计来测量固-液界面的温度变化，以确定温升值。

2. 测定

将点温计的探头输出端接在点温计接线柱上，开关置于“校”字处，调整点温计至满刻度，使指针与满刻度线重合。将温升试验容器插入绝热泡沫块 12 cm 深处，然后将一定量的固体废物（1 g、2 g、5 g、10 g）置于温升试验容器内，加入 20 mL 蒸馏水，再将点温计探头插入固-液界面处，用橡皮塞盖紧，观察温升。将点温计开关转到“测”字处，读取电表指针最大值，即是所测反应温度，此值减去室温即为温升测定值。

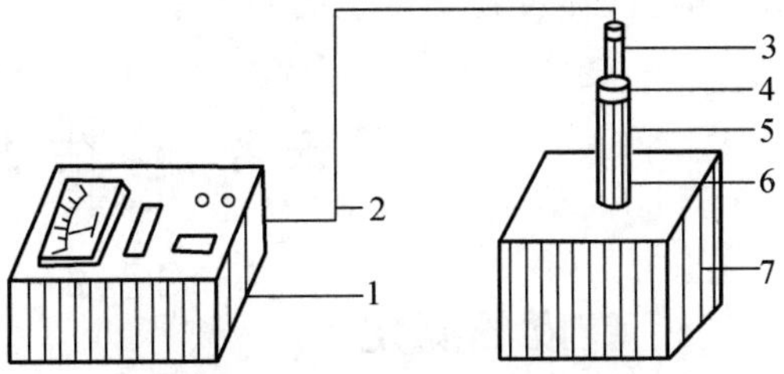

1—半导体点温计　2—连接导线　3—玻璃套管
4—橡皮塞　5—温升试验容器　6—点温计探头
7—绝热泡沫块

图 3-5-7　测定温升装置示意

3. 计算

所得数据按下式计算：

$$T = T_1 - T_2$$

式中，T——温升值,℃；

T_1——反应温度,℃；

T_2——室温,℃。

4. 注意事项

测定过程中要避免热量的散失。至少测定两个平行样，报告算术平均值。反应剧烈的固体废物，宜从少量样品开始试验。半导体点温计外套玻璃套管后，可作为测温升的探头，要求玻璃套管壁薄，且不渗水、气，以保证测温的准确性和防止探头损坏。

七、固体废物渗漏模拟试验

1. 原理

雨水或蒸馏水浸取法。固体废物长期堆放可能通过渗漏污染地下水和周围土地，采用模拟试验的手段是研究固体废物渗漏污染的一种简捷、有效的方法。在玻璃管内填装经 0.5 mm 孔径筛的固体废物，以一定的流速滴加雨水或蒸馏水，从而测定渗漏水中有害物质的流出时间和浓度的变化规律，推断固体废物在堆放时的渗漏情况和危害程度。

2. 测定

按图 3-5-8 装配好渗漏模拟试验装置。把通过 0.5 mm 孔径筛的固体废物试样装入玻璃柱内，试样高约 20 cm。试剂瓶中装入雨水或蒸馏水，以 4.5 mL/min 的流速通过玻璃柱下端的玻璃棉流入锥形瓶内，待滤液收集至 400 mL 时，关闭活塞，摇匀滤液，取适量滤液按水中重金属的测定方法，测定重金属离子的浓度。

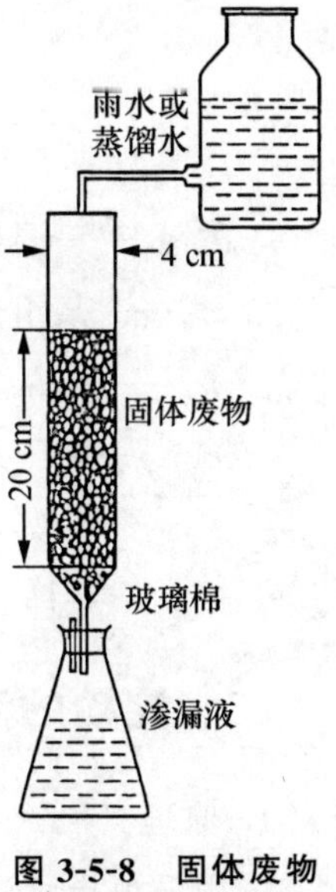

图 3-5-8　固体废物渗漏模拟试验装置

同时测定固体废物中重金属的含量。

子任务二　生活垃圾的特性分析

一、粒度的测定

1. 原理

粒度的测定采用筛分法，按筛目排列，依次连续摇动 15 min，转到下一号筛子，然后计算每一粒度的微粒所占的质量分数。如果需要在试样干燥后称量，则需在 70 ℃烘 24 h，然后在干燥、冷却后筛分。

2. 测定

先称量样品的总质量，将样品按筛目大小（表 3-5-22）过筛，筛下的样品按筛目分类，筛上的样品转到下一筛目的筛子上继续过筛，如此循环进行。最后分别称量筛下各组分的质量。

表 3-5-22　标准筛的筛号及孔径大小

筛号(网目)	3	6	10	20	40	60	80	100	120	140	200
筛孔直径/mm	6.72	3.36	2.00	0.83	0.42	0.25	0.177	0.149	0.125	0.105	0.074

3. 计算

所得数据按下式计算：

$$x_{i(湿)}=\frac{m_i}{m}\times 100\%$$

$$x_{i(干)}=x_{i(湿)}\frac{100-x_{i(水)}}{100-x_{(水)}}\times 100\%$$

式中，$x_{i(湿)}$——湿样品某组分质量分数，%；

m_i——某组分质量，kg；

m——样品总质量，kg；

$x_{i(干)}$——干基某组分质量分数，%；

$x_{i(水)}$——某组分中水的质量分数，%；

$x_{(水)}$——样品中水的质量分数，%。

二、淀粉的测定

1. 原理

采用显色指示法测定。淀粉与碘可形成配合物，可利用这种配合物的颜色变化来判断堆肥的降解程度。当堆肥降解尚未结束时，堆肥物料中的淀粉未完全分解，遇碘形成的配合物呈蓝色；堆肥完全腐熟时，物料中的淀粉已完全降解，加碘即呈黄色。堆肥进程中配合物的颜色变化过程是深蓝—浅蓝—灰—绿—黄。

2. 测定

将 1 g 堆肥物置于 100 mL 的烧杯中，滴入几滴酒精使其湿润，再加 20 mL 浓度为 36%的高氯酸；用纹网滤纸（90 号纸）过滤；向滤液中加入 20 mL 的碘试剂并加以搅动；将几滴滤液滴到白色板上，观察其颜色变化。

三、生物可降解度的测定

1. 原理

化学手段估算生物可降解度的间接测定方法。根据生物可降解有机质比生物不可降解有机质更易于被氧化的特点，在原有“湿烧法”测定固体有机质的基础上，采用了常温反应，降低溶液的氧化程度，使之有选择性地氧化生物可降解物质。在强酸性条件下，以强氧化剂重铬酸钾在常温下氧化样品中的有机质，过量的重铬酸钾以硫酸亚铁铵回滴。根据所消耗的氧化剂的量，计算样品中有机质的量，再换算为生物可降解度。反应式如下：

$$2K_2Cr_2O_7+3C+8H_2SO_4 \rightarrow 2K_2SO_4+2Cr_2(SO_4)_3+3CO_2+8H_2O$$

$$K_2Cr_2O_7+6FeSO_4+7H_2SO_4 \rightarrow K_2SO_4+Cr_2(SO_4)_3+3Fe_2(SO_4)_3+7H_2O$$

2. 测定

称取 0.500 0 g 风干并经磨碎的试样，置于 250 mL 的容量瓶中；用移液管准确量取 15.0 mL 的重铬酸钾溶液，加入瓶中；向瓶中加入 20 mL 硫酸，摇匀；在室温下将容量瓶置于振荡器中，振荡 1 h（振荡频率为 100 次/min 左右）；取下容量瓶，加水至标线，摇匀；从容量瓶中分取 25 mL 置于锥形瓶中，加试亚铁灵指示液 3 滴，用硫酸亚铁铵标准溶液滴定，溶液的颜色由黄色经蓝绿色至刚出现红褐色且不褪色即为本次试验的终点，记录硫酸亚铁铵标准溶液的用量；用同样的方法在不放试样的情况下做空白试验。

3. 计算

所得数据按下式计算：

$$\text{生物可降解度(BDM)}=\frac{(V_0-V_1)\times c\times 6.383\times 10^{-3}\times 10}{m}\times 100\%$$

式中，V_0——空白试验所消耗的硫酸亚铁铵标准溶液的体积，mL；

V_1——样品测定所消耗的硫酸亚铁铵标准溶液的体积，mL；

c——硫酸亚铁铵标准溶液的浓度，mol/L；

m——样品质量，g；

6.383——换算系数。

四、渗沥水分析

渗沥水是指从生活垃圾中渗出来的水溶液，它提取或溶出了垃圾组成中的物质。由于渗沥水中的水分主要来源于降水，所以在生活垃圾三大处理方法中，渗沥水是填埋处理中主要的污染源。合理的堆肥处理一般不会产生渗沥水，焚烧和气化也不产生渗沥水，只有露天堆肥、裸露堆场可能产生渗沥水。

渗沥水理化分析和细菌学检验内容包括：色度、总固体、总溶解性固体与总悬浮性固体、硫酸盐、氨态氮、凯氏氮、氯化物、总磷、pH、COD、BOD、钾、钠、细菌总数、大肠菌群等。

【工作任务实施记录与评价】

1. 工作质量检查记录

日期	主要任务	具体措施	完成情况	效果	备注
质量评价				评价成绩	
				时间	

2. 学徒关键职业能力及职业品质、工匠精神评价

项目	A	B	C	D
工作态度				
吃苦耐劳				
团队协作				
沟通交流				
认真负责				
科学严谨				
实事求是				

附　录

附录一

环境监测员岗位标准

试点专业名称	环境工程技术
学徒岗位名称	环境监测员
岗位工作描述	按照国家环境标准和环境监测技术规范要求，选择必要的监测指标、正确的监测方法及质量控制措施等，完成各环境要素样品的采集、运输、保存、预处理、分析测定、数据分析等任务，达到环境监测员岗位任职要求。
工作场所	环境监测实验室、工矿企业等场所。
职业道德与素质要求	根据环境监测员考核大纲要求，获取“1＋X”水环境监测与治理职业技能等级证书应具备的知识和技能，确保检测数据准确、客观。
行业企业职业行为规范	1. 环境监测技术规范； 2. 环境监测人员行为规范。
对应职业资格	高级环境监测员、注册环保工程师。

岗位工作任务	工作过程与技术、质量要求	专业知识要求	技术技能要求	综合职业能力要求
制订监测方案	根据监测任务和环保要求，结合企业实际情况，制订可操作性较强的监测方案。	1. 熟悉常用的监测方法标准和技术规范； 2. 掌握监测方案制订的方法； 3. 掌握实验室质量控制有关知识。	1. 明确监测任务、熟知环保要求；按照环境监测技术规范（包括水监测规范、大气监测规范、环境噪声监测规范、土壤与固废监测规范等）要求，选择必要的监测指标、正确的监测方法、质量控制措施等，并能独立制订水、大气、噪声、土壤、固废监测的详细监测方案； 2. 能独立完成监测方案的汇报，并通过方案可行性论证。	1. 态度、品质。实事求是、科学严谨的工作态度、吃苦耐劳精神、团队合作精神、树立科学精神、团队合作能力、职业道德、职业思维、工作经验积累。 2. 专业知识、技能。 (1)熟悉常用的监测方法标准和技术规范； (2)掌握监测方案制订的方法； (3)掌握环境监测采样、布点、样品保存原则和方法； (4)掌握环境监测数据的统计处理、监测结果表达方法； (5)掌握典型监测项目的测定原理、方法； (6)掌握环境监测报告撰写内容与方法； (7)了解连续自动监测现状和有关注意事项； (8)掌握实验室质量控制有关知识。 3. 社会工作能力。形成良好的职业道德，能够吃苦耐劳，具备科学严谨的工作态度，有一定的语言表达能力、沟通能力、学习能力、团结协作能力。保守企业机密，善于观察学习。
样品采集与保存	按照样品的保存和管理技术规定，开展采样前准备、样点布设、样品采集、保存、运输以及预处理工作。 按照样品的保存和管理技术规定，开展采样前准备、样点布设、样品采集、保存、运输以及预处理工作。	1. 熟悉环境监测采样技术规范； 2. 掌握环境监测采样、布点、样品保存原则和方法； 3. 掌握现场监测指标的方法原理及测定意义。	1. 能根据监测方案准备齐全水、大气、噪声、土壤、固废各环境要素样品的采样工具、交通工具及相关物品； 2. 能按照监测方案规范完成样点布设与样品采集，并做好记录； 3. 能采取正确的保存方法，完成样品的保存与运输工作。对于需现场测定的项目，能正确使用监测仪器完成测定，并做好记录； 4. 掌握实验室样品预处理的方法与操作技能。	

岗位工作任务	工作过程与技术、质量要求	专业知识要求	技术技能要求	综合职业能力要求
分析测定指标	按照环境监测方法标准、规范进行水、土壤、大气、固废等样品室内测定分析和噪声的现场监测、记录，并做好质量控制措施，要求检测误差小于5%。另外，还需完成数据分析与填报工作。	1. 掌握典型监测项目的测定原理、方法； 2. 掌握环境监测数据处理的方法； 3. 掌握实验室质量控制有关知识。	1. 测定方法选择：能在环境监测方法标准指导下，根据实际情况选择合适的指标测定方法，要求测定方法具有较高的可操作性； 2. 实验试剂配制：能够独立完成实验所需各种试剂的准确配制，保证操作规范，并做好试剂的保存工作； 3. 测定结果记录：能按照操作规范独立完成指标测定，并进行记录； 4. 质量保证措施实施：要求规范操作各种实验仪器，尽可能减小操作误差；每项指标测定都必须做三次或三次以上重复测定、空白试验等质量控制工作，要求检测误差小于5%； 5. 能依据统计学方法正确整理数据，并利用统计软件进行分析、填报。	1. 态度、品质。实事求是、科学严谨的工作态度、吃苦耐劳精神、团队合作精神、树立科学精神、团队合作能力、职业道德、职业思维、工作经验积累。 2. 专业知识、技能。 (1)熟悉常用的监测方法标准和技术规范； (2)掌握监测方案制订的方法； (3)掌握环境监测采样、布点、样品保存原则和方法； (4)掌握环境监测数据的统计处理、监测结果表达方法； (5)掌握典型监测项目的测定原理、方法； (6)掌握环境监测报告撰写内容与方法； (7)了解连续自动监测现状和有关注意事项； (8)掌握实验室质量控制有关知识。 3. 社会工作能力。形成良好的职业道德，能够吃苦耐劳，具备科学严谨的工作态度，有一定的语言表达能力、沟通能力、学习能力、团结协作能力。保守企业机密，善于观察学习。
其他环境管理工作	根据环保企业环境监测员职业岗位要求，企业工作实际，完成已定的实验室管理与建设等环境管理工作。	1. 了解连续自动监测现状和有关注意事项； 2. 掌握环境管理的有关知识。	积极参与实验室仪器的维护、卫生清洁等工作。	
职业品质	吃苦耐劳、爱岗敬业、实事求是、科学严谨、认真负责、有强烈的社会责任感和高度的法律意识。			
职业生涯规划	1. 毕业后第一年能够独立承担环境监测员岗位工作，确保完成各项监测任务，监测结果准确、客观； 2. 毕业2年内考取环境监测员证书，胜任环境监测员岗位； 3. 毕业3～5年成为环境监测企业技术负责人，负责公司监测结果质量审核。			

附录二
环境监测员学徒岗学徒选拔标准、师傅聘任标准与教学指导工作规范

第一部分　学徒选拔标准

一、学徒选拔的基本原则

坚持“公平、公正、公开”的原则，做到选拔条件与考核内容公开、选拔经过公开、选拔结果公开，选拔优秀学徒入企实践。

二、选拔对象、条件及人数

（一）选拔对象

环境工程技术专业全日制学生。

（二）选拔条件

（1）思想端正，有良好的道德品质和文明的行为习惯。

（2）身体健康，积极锻炼。

（3）专业课程成绩优秀，文化课程学习成绩较好。

（4）热爱环保事业，具有合作意识和团队精神。

（5）有较强的环保意识和社会责任感，具备吃苦耐劳的精神、与人沟通的能力，品行端正。

（6）自愿参加，入选后同意参加与环境专业合作企业中国特色学徒制培训。

（7）毕业后（学成后），自愿在环保企业从事环境监测、在线监测设备运维等岗位工作。

（三）选拔人数

根据企业选拔学徒的人数确定。

三、选拔程序

个人提出书面申请—根据学生的学习成绩及平时表现情况进行推荐—合作企业综

合考核，确定人选—由企业、学院、学生（未成年人由家长代理）、家长四方共同签订学徒协议。

四、学徒选拔考核技术标准

（一）考核命题标准

学徒选拔考核以“1＋X”污水处理职业技能等级证书和水环境监测与治理职业技能等级证书的要求为基础，适当增加新知识、新技术、新技能等相关内容，以运营、监测实践的案例等形式进行考核。试题由学徒选拔的相关企业组织有关专家统一命题。

（二）考核场地环境设计

采取有效措施确保工位与工位之间互不干扰；设置有考评专家进入现场巡视的专门通道，以不影响考生考试为标准。

（三）场地配置要求

相应的实验室、实验仪器设备、机房、污水处理虚拟仿真软件等。

（四）考核内容及要点

1. 考核方法

考核采用现场答题的方法，要求选手按照“1＋X”污水处理职业技能等级证书和水环境监测与治理职业技能等级证书的考核要求，在规定时间内完成答题。分为理论知识考试和技能操作考核。理论知识考试采用机考方式，技能操作考核采用现场实际操作方式。理论知识考试和技能操作考核均实行百分制，成绩达60分以上者为合格。

2. 考核内容

（1）环境监测的方法标准。

（2）水和污水监测与分析。

（3）大气和废气监测。

（4）环境监测技术。

（5）固体废物监测。

（6）土壤污染监测。

（7）生物污染监测。

（8）噪声监测环境。

（9）现代环境监测技术、在线监测。

（10）环境法规与标准，环境质量和污染物排放规范。

（11）环境影响评价的方法。

3. 考核时间

要求2 h内完成。

4. 技术要求

（1）要求笔试与实践考试相结合。

（2）考题根据考核命题自选。

5. 评分要求

理论成绩严格按照卷面成绩给出，实践成绩由企业考核专家给出，平时表现成绩由学校考核小组给出。

6. 考核工具、用具提供

（1）实践考核场地由合作企业提供。

（2）其他工具、用具由学徒自备（如笔、稿纸等）。

（五）成绩评定

合作企业将组成专家组对学徒进行评分。总分可以根据40％理论成绩＋40％实践成绩＋20％平时表现成绩给出。

第二部分　师傅聘任标准与教学指导工作规范

一、聘任对象

环境工程技术专业中国特色学徒制企业师傅的聘任对象主要是污水处理厂、水务公司（集体）、环境监测企业等环保类企业及事业单位中有丰富的环保工作经验，具备污水运营管理经验、环境监测技术实践成果的在职人员。

二、聘任条件

（1）热爱环保事业，对培养环保人才充满热情，具有良好的政治思想素质和高尚的职业道德。

（2）具备丰富的污水运营管理经验或环境监测行业经验，善于沟通和表达，掌握并灵活运用行业知识进行技能的传授和讲解能力。

（3）工作经历（工种）成绩突出，善于“传、帮、带”，近三年在企业的生产、经营等工作中，没有违纪、违章、违规行为。

（4）取得环境工程技术专业相关技师及以上技能等级证书；或具有污水运维或环境监测工作领域独特专长的能工巧匠。

（5）接受过专门的职业教育或系统的职业技能培训。

（6）有制订、实施培训方案的能力，具备良好的语言表达能力和沟通交流能力。

（7）身体健康，心理健康，能坚持正常工作，男性60岁以下、女性50岁以下。

三、评聘程序

由环保企业根据评选条件，结合实际情况采取笔试或技能操作方式进行评选。

获得推选的师傅需填写环保行业师傅申报认定表，单位盖章后，由单位和合作院校共同审核。

向经评审通过的师傅发放聘书，聘期为三年。聘书加盖学院和师傅所在企业公章。

四、奖励办法

对于师傅带徒弟期间表现优秀的人员给予奖励，由单位和学院统一发文表彰，颁发获奖证书。

将优秀师傅的评选获奖情况记入个人档案，作为晋职晋级的考核依据之一。

五、教学指导工作规范

教书育人是每一位教师应尽的责任和义务，作为学徒制下的师傅（兼职教师）应遵循教育教学的基本规律，遵守教师教学规范的有关要求，结合教学工作实际，努力提高教学质量，培养德、智、体、美、劳全面发展的高素质人才。为此，每个师傅应做到：

（1）拥护党的基本路线，努力学习习近平新时代中国特色社会主义思想理论，遵纪守法，认真贯彻执行党和国家的教育方针、政策，有良好的职业道德。

（2）积极承担教学任务，有较强的事业心和责任感。

（3）刻苦钻研本学科领域的理论知识和技能，力求精益求精，不断提高学术水平。

（4）认真学习和研究教育理论知识，努力掌握教育教学规律，积极参与教学研究，不断提高教学水平。

（5）为人师表、教书育人，对学生严格要求，严格管理。

（6）自觉遵守学校各项规章制度，严格执行学校的各种教学文件。

（7）身体健康，能坚持正常的教学工作，完成规定的教学工作量。

（8）根据教学大纲的要求和学徒的具体情况，按照学徒制人才培养方案，教学项目实施标准组织教学内容，采用有特色的教学方法，充分体现行业领先水平，确保学徒达到环境监测员岗位的技能要求。

（9）对学徒的成绩进行评定，除接受合作学校教学主管部门及其指定的专门人员组织的复查外，拒绝其他任何组织、任何形式的干预。

（10）不得擅自停课，否则按教学事故予以处理。

参 考 文 献

[1] 王英健，杨永红．环境监测．3 版．北京：化学工业出版社，2015.

[2] 季宏祥．环境监测技术．北京：化学工业出版社，2012.

[3] 刘德生．环境监测．2 版．北京：化学工业出版社，2008.

[4] 李弘．环境监测技术．2 版．北京：化学工业出版社，2014.

[5] 吴绑灿，费龙．现代环境监测技术．北京：中国环境科学出版社，1999.

[6] 中国环境监测总站．环境水质量监测保证手册．2 版. 北京：化学工业出版社，1994.

[7] 国家环保局，《水和废水监测分析方法》编委会．水和废水监测分析方法．3 版. 北京：中国环境科学出版社，1997.

[8] 国家环保局，《空气和废气监测分析方法》编写组．空气和废气监测分析方法．北京：中国环境科学出版社，1990.

[9] 陈玲，赵建夫．环境监测. 3 版. 北京：化学工业出版社，2021.

[10] 吴绑灿，费龙．现代环境监测技术．2 版. 北京：中国环境科学出版社，2005.

[11] 金朝晖．环境监测. 天津：天津大学出版社，2007.

[12] 齐文启，孙宗光，边归国．环境监测新技术．北京：化学工业出版社，2004.

[13] 周正立，张悦，鲁战明．污水处理剂与污水监测技术．北京：中国建材工业出版社，2007.

[14] 张宝军．水环境监测与评价．北京：高等教育出版社，2008.

[15] 李倦生，王怀宇．环境监测实训．北京：高等教育出版社，2008.

[16] 王怀宇，姚运先．环境监测．北京：高等教育出版社，2007.

[17] 孙宝盛，单金林，邵青．环境分析监测理论与技术．2 版. 北京：化学工业出版社，2007.

[18] 奚旦立，孙裕生，刘秀英．环境监测．3 版. 北京：高等教育出版社，2004.

[19] 吴忠标．环境监测．北京：化学工业出版社，2003.

[20] 马玉秀．环境监测．武汉：武汉工业大学出版社，1999.

[21] 赵敏娟，刘海春．固体废物处理与利用．4 版．大连：大连理工大学出版社，2021.